CC2018／2017／2015／2014／CC／CS6 対応

# Illustrator
## トレーニングブック

広田正康 著

Adobe、Adobe Illustrator は Adobe Systems Incorporated の登録商標です。
Windows は米国 Microsoft Corporation の米国およびその他の国における登録商標です。
Macintosh、Mac、macOS は米国 Apple Inc. の各国における商標または登録商標です。
その他の会社名、商品名は関係各社の商標または登録商標であることを明記して本文中での表記を省略させていただきます。
本書の操作および内容によって生じた損害、および本書の内容に基づく運用の結果生じた損害につきましては一切当社は責任を追いませんので、あらかじめご了承ください。また、本書の制作にあたり、正確な記述に努めていますが、内容に誤りや不正確な記述がある場合も、当社は一切責任を負いません。
本書の内容は執筆時点においての情報であり、予告なく内容が変更されることがあります。また、システム環境、ハードウェア環境によっては本書どおりに動作および操作できない場合がありますので、ご了承ください。

# はじめに

本書は、Adobe Creative Cloud でサポートしている Illustrator CS6 から CC2018（22.0.1）までを対象に、基本的な操作方法を効率よく学べるように解説しています。

操作に使うイラストはサポートページからダウンロードできるので、実際に操作して理解を深めることができます。
また、節目には課題があり、内容を理解できたか振り返りながら学習を進めて行きます。

CS6 から CC2018 まで、大きく分けると 6 種類のバージョンがあります。
バージョンによって使用できる機能が異なるので、まず Illustrator をアップデートしてから、同じバージョンの解説を読んでください。

バージョンが上がると機能が増えます。
Illustrator を習得した人にとって、新機能は使いやすくなったり、表現力が増すことでしょう。
しかし、これから始める方にとっては覚えることが多くなるので、入門のハードルが上がってしまう面もあります。

本書がそのハードルを下げて、Illustrator でつくる楽しみを感じていただけたら幸いです。

2017 年 12 月
広田正康

# CONTENTS

はじめに・・・・・・・・・・・ 003　　　CONTENTS ・・・・・・・・・ 004　　　本書の使い方・・・・・・・・ 008

INDEX ・・・・・・・・・・・・ 268

## PART 1　基本編

1-1　Illustrator のインターフェイス ・・・・・・ 010　　1-3　Illustrator の基本操作 ・・・・・・・・・・・・・ 020

1-2　新規ドキュメント設定 ・・・・・・・・・・・・・ 016

## PART 2　パスの描画

2-1　直線を描く ・・・・・・・・・・・・・・・・・ 030　　2-5　線幅ツールで線幅を変える ・・・・・・・・・ 047

課題❶ 直線の練習 ・・・・・・・・・・・・・・・・ 032　　2-6　絵筆ブラシで描く ・・・・・・・・・・・・・・・ 050

2-2　曲線を描く ・・・・・・・・・・・・・・・・・ 033　　課題❸ フリーハンドの練習 ・・・・・・・・・・・・ 052

課題❷ 曲線の練習 ・・・・・・・・・・・・・・・・ 037　　2-7　図形を描く ・・・・・・・・・・・・・・・・・・・ 053

2-3　フリーハンド線を描く ・・・・・・・・・・・ 039　　2-8　ライブシェイプ ・・・・・・・・・・・・・・・・・ 059

2-4　塗りブラシツールで描く ・・・・・・・・・・ 044　　課題❹ 図形の練習 ・・・・・・・・・・・・・・・・・ 060

# PART 3　移動と調整

| | | |
|---|---|---|
| 3-1 | オブジェクトの移動 | 062 |
| 3-2 | アンカーポイントとセグメントの移動 | 064 |
| 課題5 | 移動の練習 | 066 |
| 3-3 | パスの調整 | 067 |
| 課題6 | パス編集の練習 | 078 |

# PART 4　変形

| | | |
|---|---|---|
| 4-1 | 回転 | 080 |
| 4-2 | 拡大・縮小 | 082 |
| 4-3 | リフレクト | 084 |
| 4-4 | シアー | 085 |
| 4-5 | リシェイプ | 087 |
| 4-6 | 自由変形 | 088 |
| 課題7 | 変形の練習 | 094 |

# PART 5　ペイント

| | | |
|---|---|---|
| 5-1 | 色の設定 | 096 |
| 5-2 | 線の設定 | 100 |
| 課題8 | 塗りと線の練習 | 104 |
| 5-3 | グラデーションの設定 | 106 |
| 5-4 | 線のグラデーション | 112 |
| 5-5 | グラデーションメッシュの設定 | 114 |
| 5-6 | ブレンドによるグラデーション表現 | 117 |
| 課題9 | グラデーションの練習 | 118 |
| 5-7 | パターンの設定 | 119 |
| 5-8 | 画像ブラシ | 127 |
| 5-9 | コーナーの自動生成 | 128 |
| 課題10 | パターンの練習 | 129 |
| 5-10 | 属性の抽出と適用 | 130 |
| 5-11 | オブジェクトを再配色 | 132 |
| 課題11 | 塗り替えの練習 | 136 |

# PART 6 複数オブジェクトの編集

| | | |
|---|---|---|
| 6-1 | オブジェクトの前後移動 | 138 |
| 6-2 | オブジェクトのグループ化 | 140 |
| 課題⑫ | 前後移動の練習 | 142 |
| 6-3 | 複数オブジェクトの選択 | 143 |
| 6-4 | オブジェクトをロック / 隠す | 146 |
| 課題⑬ | 選択の練習 | 147 |
| 6-5 | マスク処理 | 148 |
| 6-6 | 内側・背面描画 | 150 |
| 6-7 | パスに穴をあける | 152 |
| 課題⑭ | マスクと複合パスの練習 | 154 |
| 6-8 | パスファインダー | 155 |
| 6-9 | シェイプ形成ツール | 159 |
| 課題⑮ | パスファインダーの練習 | 161 |
| 6-10 | 整列 | 162 |
| 課題⑯ | 整列の練習 | 165 |
| 6-11 | ガイド | 166 |
| 課題⑰ | ガイドの練習 | 171 |
| 6-12 | 個別に変形 | 172 |

# PART 7 文字の入力と編集

| | | |
|---|---|---|
| 7-1 | 文字の入力 | 174 |
| 7-2 | 文字の編集 | 178 |
| 7-3 | 段組 | 194 |
| 7-4 | 文字と段落のスタイル | 197 |
| 7-5 | 文字タッチツール | 200 |
| 課題⑱ | 文字の練習 | 202 |

# PART 8 特殊効果

| | | |
|---|---|---|
| 8-1 | リキッドツール | 204 |
| 8-2 | エンベロープで変形 | 206 |
| 8-3 | メッシュで変形 | 208 |
| 8-4 | ワープで変形 | 210 |
| 8-5 | パスの変形 | 213 |
| 8-6 | スタイライズ | 215 |

| 8-7 | Photoshop 効果 | 217 |
|---|---|---|
| 8-8 | 不透明度と描画モード | 218 |
| 課題⑲ | 特殊効果の練習 | 223 |

| 8-9 | 3D | 224 |
|---|---|---|
| 課題⑳ | 3Dの練習 | 233 |
| 8-10 | 遠近グリッド | 234 |

# PART 9 アピアランスとレイヤー

| 9-1 | 「アピアランス」パネルの操作 | 240 |
|---|---|---|
| 9-2 | 「レイヤー」パネルの操作 | 250 |

| 課題㉑ | アピアランスとレイヤーの練習 | 256 |
|---|---|---|

# PART 10 トレース

| 10-1 | 下絵のトレース | 258 |
|---|---|---|
| 10-2 | 写真画像のトレース | 262 |

| 10-3 | 線画のトレース | 265 |
|---|---|---|

課題 ページの操作方法は、サンプルデータをダウンロードするサポートページ内で解説しています。
あくまで操作方法の一例であり、解答ではありません。
イラストの作り方は、個人の好みや使用するバージョンで変わります。
課題の指示とチェックポイントをクリアしていればOKです。

# 本書の使い方

本書は、Adobe Illustrator のビギナーを対象にしています。

解説に使用するデータは、すべてサポートページから入手可能です。サンプルデータを利用することで、効果的に操作をマスターすることができます。
サンプルデータは、Zip 形式で圧縮してあります。お使いになっている Adobe Illustrator のバージョンに合ったデータを、以下の URL からダウンロードしてください。

## http://www.sotechsha.co.jp/sp/1194/

本書の内容は、Adobe Illustrator CS6 から CC 2018（22.0.1）まで対応した解説をしています。
ただし、使える機能や名称がバージョンで異なる場合は、バージョンに関する表記を入れています。
本書で表記しているバージョンと、対象のリリースバージョンを下の表にまとめました。

| リリースバージョン | CS6 | CC (v.17) | CC (v.17.1) | CC (2014) | CC (2014.1) | CC (2015) | CC (2015.2) | CC (2015.3) | CC (2015.3.1) | CC (2017) | CC (2017.1) | CC (2018) |
|---|---|---|---|---|---|---|---|---|---|---|---|---|
| 本書でのバージョン表記 | CS6 | v.17 | | CC2014 | | CC2015 | | | | CC2017 | | CC2018 |
| | | CC | | | | | | | | | | |

例えば、「CC」は v.17 から CC2018 までを対象として、CC でもバージョンに依存することに関しては、「v.17」や「CC2018」と表記しています。ただし、「v.17」は新しいバージョン「v.17.1」の機能を基準とします。なお、本書の解説画面には Windows 版の Adobe Illustrator CC2018 を使用しています。

本書は、Windows および macOS の両プラットフォームに対応しています。Mac ユーザは、以下のようにキーを置き換えて読み進めてください。

Ctrl → ⌘ キー

Alt → option キー

Enter → return キー

Windows と macOS では操作の名称が異なる場合がありますが、本書では Windows 版での表記となります。

# PART 1
## 基本編

# 1 Illustratorのインターフェイス

## ワークスペース

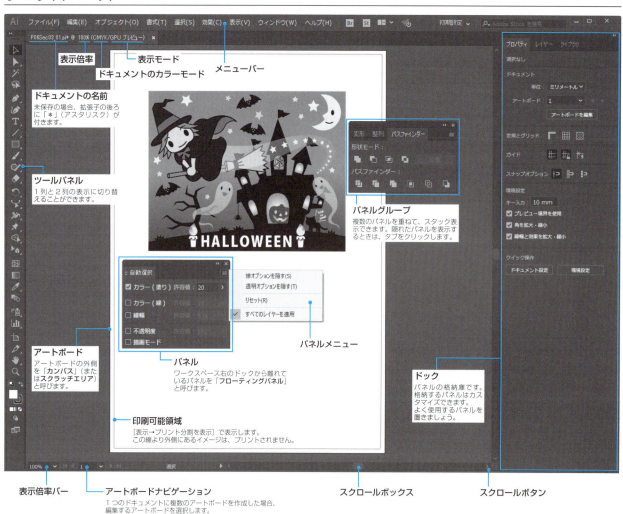

※この画像はCC2018のインターフェイスです。バージョンによってメニューバーやツールパネルなどの表示が異なる部分があります。

## インターフェイスの明るさ設定

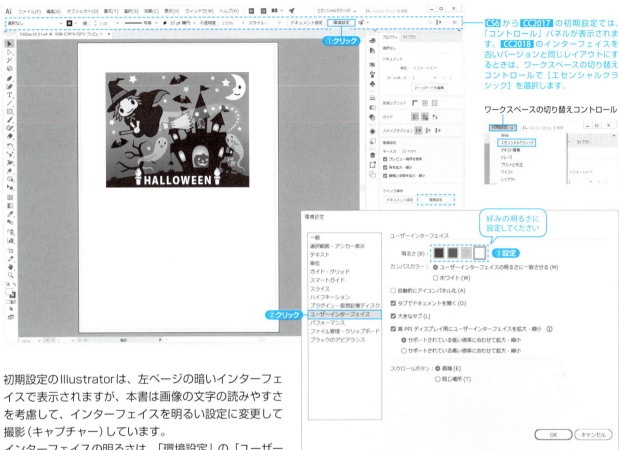

初期設定のIllustratorは、左ページの暗いインターフェイスで表示されますが、本書は画像の文字の読みやすさを考慮して、インターフェイスを明るい設定に変更して撮影（キャプチャー）しています。
インターフェイスの明るさは、「環境設定」の［ユーザーインターフェイス］にある「明るさ」で設定できます。

「環境設定」を開く場合、Windowsは［編集］メニューから、macOSは［Illustrator］メニューから［環境設定］を選択します。また、オブジェクトを何も選択していないときの「コントロール」パネルや「プロパティ」パネル（CC2018）からも選択できます。

他のページでも「環境設定」を開く操作がありますが、選択するメニューの説明（WindowsとmacOSの違い）は省略させていただきます。ご了承ください。

**Windows**

**macOS**

011

## ツールパネル

ツールパネルには、パスを描画したり、オブジェクトを変形する道具があります。

### 隠れたツールを選択する

小さな三角の付いたボタンには、隠れたツールがあります。ツールボタンを長押しすると、隠れたツールが選択できます。

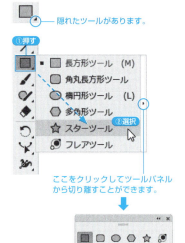

### ツールパネルの表示を切り替える

ツールパネル上端の二重矢印で1列と2列の表示に切り替えることができます。
切り離したパネルの二重矢印をクリックすると、縦と横の表示が切り替わります。

非表示になったツールパネルを開くときは、[ウィンドウ→ツール→初期設定]を選択します。

「☆」マークが付いたツールはCC2015以降の機能です。

「★」マークが付いたツールはv.17以降の機能です。

CS6の名称は「アンカーポイントの切り換えツール」です。

# 「コントロール」パネルと「プロパティ」パネル[*1]

ツールやオブジェクトを選択すると、関連するプションが「コントロール」パネルや「プロパティ」パネルに表示されます。

*1: CS6 〜 CC2017 「プロパティ」パネルはありません。

## パネルをアイコン化する

ドックやフローティングパネルの上端の二重矢印をクリックすると、パネルがアイコン化します。
アートボードを隠す面積が小さくなるので、作業スペースを広くすることができます。

## アイコン化したパネルを開く

アイコン化したパネルを個別に開くときは、パネルのアイコンをクリックします。

「環境設定」の［ユーザーインターフェイス］にある「自動的にアイコンパネル化」をオンにすると（初期設定：オフ）、パネル以外をクリックしたときにアイコンから表示したパネルが自動的に閉じてアイコンパネルに戻ります。

## ドックからパネルを切り離す

ドックにあるパネルは、パネルのタブやタブ横の空いているスペースをドラッグすると、フローティングパネルになります。

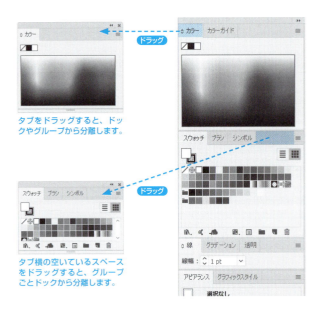

タブをドラッグすると、ドックやグループから分離します。

タブ横の空いているスペースをドラッグすると、グループごとドックから分離します。

## フローティングパネルを閉じる

ドックにないパネルは、フローティングパネルとして表示されます。頻繁に使用するパネルは開いたままでかまいません。使用頻度が低い場合は作業スペースが狭くなるので、使用後は閉じましょう。

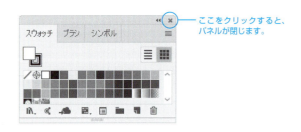

ここをクリックすると、パネルが閉じます。

Tab キーを押すと、現在ワークスペースに表示しているすべてのパネルが閉じます。閉じる前の状態に戻すときは、もう一度 Tab キーを押します。
ツールパネル、「コントロール」パネルを除いたパネルを閉じるときは、Shift + Tab キーを押します。

## パネルをグループ化する

パネルのタブ同士を重ねると、グループになります。パネルを囲む青い線が表示されたら、マウスボタンを放します。

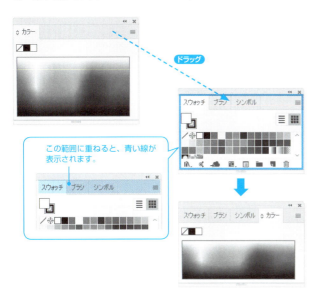

> CCは、必要なツールだけをカスタムツールパネルに登録して、専用のツールパネルを作成できます。

**1** [ウィンドウ→ツール→新規ツールパネル]を選択して、ツールセットの名前を設定します。

**2** 新しいツールパネルが表示されたら、既存のツールパネルのボタンをドラッグして追加します。

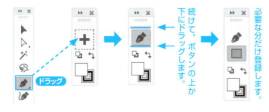

> [ウィンドウ→ワークスペース→初期設定をリセット]を選択すると、パネルの位置が初期状態に戻ります。[ワークスペースを保存]を選択すると、現在のパネル位置を登録できます。

## パネルの表示サイズを変更する

パネルの端でカーソルが矢印に変わる場合は、ドラッグしてパネルの表示サイズを変更することができます。

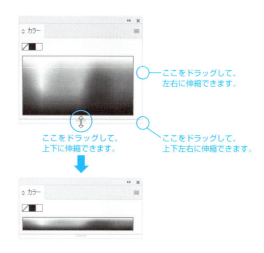

## パネルのオプション表示を切り替える

のマークが付いたパネルタブをクリックすると、パネルのオプション表示が切り替わります。

## パネルメニューを表示する

右上に ≡ の付いたパネルは、パネルメニューがあります。オプション表示を切り替えたり、パネルに表示されない設定を行います。

基本編 ▼ Illustratorのインターフェイス

015

# 1-2 新規ドキュメント設定

## 「新規ドキュメント」ダイアログボックス

新規ドキュメントを設定して、イラストを描くためのアートボード（画用紙のようなもの）を用意します。
［ファイル→新規］（ Ctrl + N ）を選択すると、「新規ドキュメント」ダイアログボックスが開きます。アートボードのサイズや数を設定して、「作成」あるいは「ドキュメント作成」[*1] をクリックすると、ワークスペースに新しいドキュメントが表示されます。

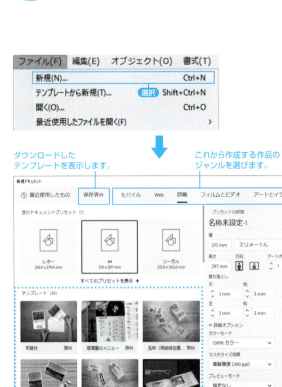

ダウンロードしたテンプレートを表示します。

これから作成する作品のジャンルを選びます。

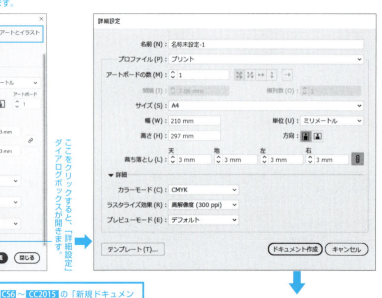

ここをクリックすると、「詳細設定」ダイアログボックスが開きます。

CC2017以降のテンプレートは、Adobe Stock からデータをダウンロードします。

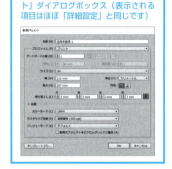

CS6 〜 CC2015 の「新規ドキュメント」ダイアログボックス（表示される項目はほぼ「詳細設定」と同じです）

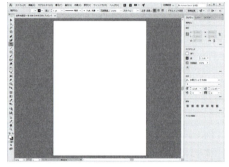

*1： CS6 〜 CC2015 「OK」ボタンをクリックします。

016

### 名前
これから作成するドキュメントのファイル名を先に設定します。あとで「保存」を実行しないと、ファイルは記録されません。

### プロファイル
汎用性の高いプリセットの設定を読み込みます。例えば「プリント」を選択すると、「カラーモード：CMYK」「ラスタライズ効果：高解像度（300ppi）」に設定され、商用印刷に適したドキュメント設定になります。サイズや用紙の向きはプロファイルを選択した後にカスタマイズします。

### アートボードの数
アートボードの数を増やすと、1つのドキュメントに複数の作品を保存できます。

### サイズ
印刷する場合は用紙のサイズ、Webで表示する場合は表示エリアのピクセル数を設定します。メニューから規格サイズを選択するか、「幅」と「高さ」に値を入力します。

### 裁ち落とし
商用印刷の多くは紙に印刷してから断裁します。フチなしプリントのようにイメージを用紙の端まで入れるとき、断裁の誤差が生じても隙間ができないように印刷範囲を広げておきます。このとき「3mm」分広げて印刷するのが印刷業界のルールです。

### カラーモード
商用印刷のためのドキュメントなら「CMYK」、それ以外は「RGB」に設定します。家庭用プリンタで印刷する場合は「RGB」でもかまいませんが、高輝度のRGBカラーをプリンタで再現することはできません。

### ラスタライズ効果
「効果」メニューの一部には、ベクトルデータのプレビューイメージをビットマップデータに変換する機能があります（ドロップシャドウなど）。プレビューイメージのピクセルの大きさは、ここで設定した解像度が適用されます。

### プレビューモード
「デフォルト」のままでかまいません。あとから「分版プレビュー」パネルの「オーバープリント」にチェックしたり、［表示→ピクセルプレビュー］を選ぶことで「オーバープリント」や「ピクセル」のプレビューモードに切り替えることができます。

### 新規オブジェクトをピクセルグリッドに整合（ CS6 ～ CC2015 ）
プロファイルを「Web」にしたときはチェックが付きます。オブジェクトの位置や大きさを強制的にピクセル単位に揃えます。水平・垂直線を0.5ptや0.75ptで指定しても、太さは1ピクセルになります。

## 複数のアートボードを作成する[*1]

1つのドキュメントに複数のアートボードを作成する場合、アートボードの配列方法や間隔を設定します。

アートボードの数（M）： 5　　　横一列　縦一列　右からの配列に変更（逆の矢印は左からの配列に変更）

間隔（I）： 10 mm　　　横列数（O）： 3

横に配列　縦に配列

### アートボードの数
1つのドキュメントファイルに最大1000個まで[*2]アートボードを作成できます。

### 間隔
アートボードの間隔（縦と横）を設定します。

### 配列方法
「アートボードの数」の右側にあるボタンで、アートボードの配列順を設定します。順番に合わせてアートボードに番号が付きます。

### 列数
配列方法が「横に配列」か「縦に配列」のとき、「横列数」「縦列数」を設定します。

**P** 複数の用紙に分割して大きな手作りポスターを作るときは、プリントの設定で分割印刷ができます。ポスター全体が入る1つのアートボードを作成してください。

＊1： CC2017 以降は、「詳細設定」ダイアログボックスを開いて設定します。
＊2： CS6 ～ CC2017 最大100個までです。

## アートボードを編集する

アートボードツール を選択すると、編集可能なアートボードにハンドルが表示されます。

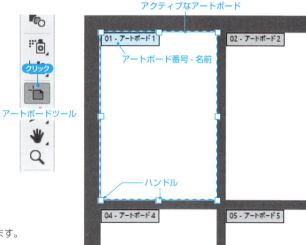

### アートボードを選択する

アートボードツール を選択したら、次のいずれかの方法でアートボードを選択します。

- アートボードをクリックします。
- アートボードが重なっている場合、選択するアートボードの左端にポインタを寄せてクリックします。
- Alt キーを押しながら矢印キーを押すと、アクティブなアートボードが順番に切り替わります。
- 「アートボード」パネルのアートボード名をクリックします。

CC2018は、次のいずれかの方法で複数のアートボードを選択できます。

- Shift キーを押しながらアートボードをクリックします。
- Shift キーを押しながら複数のアートボードをドラッグで囲みます。
- Ctrl + A キーを押して、すべてのアートボードを選択します。

アートボードの編集を終了するときは、別のツールを選択するか、Esc キーを押します。

### アートボード番号と名前

配列順の番号と名前を左上に表示します。
印刷するとき、「プリント」ダイアログボックスの「範囲」にアートボード番号を指定します。
ドキュメントを保存するときアートボードごとにファイルを分けて保存すると、ファイル名の最後に名前（自動設定のアートボード名のときは番号だけ）を追加して保存します。

Illustrator形式で保存するとき、「Illustratorオプション」ダイアログボックスの「各アートボードを個別のファイルに保存」をオフにすると、複数のアートボードを1つのファイルで保存します。オンにすると、アートボードごとにファイルを分けて保存します。

Illustrator EPS形式で保存する場合は、「別名で保存」ダイアログボックスの「アートボードごとに作成」[*1]オプションで設定します。

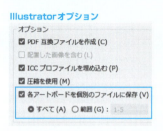
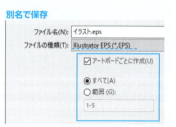

### ハンドル

白い四角形のハンドルをドラッグすると、アートボードのサイズが変わります。ハンドル以外をドラッグすると、アートボードが移動します。
数値で設定するときは、「コントロール」パネルの「プリセット」から選択するか、座標（X、Y）と幅（W）と高さ（H）に値を入力します。

*1： CS6 「各アートボードごと」の表記になります。

複数のアートボードを1つのファイルに保存しても、InDesignの読み込みオプションの設定でアートボード別に分けて配置できます。

## アートボードを追加する

いつでもアートボードを追加できます。

### ドラッグでアートボードを追加する
アートボードツール を使ってカンバスの上をドラッグします。既存のアートボードに重ねて作成する場合は、Shift キーを押しながらドラッグします。

### サイズを設定してアートボードを追加する
アートボードツール を選択して、「コントロール」パネルの新規アートボードボタン をクリックします。次にプリセットを選択するか、「コントロール」パネルのサイズ（W、H）に値を入力します。指定サイズのアートボードをプレビュー表示するので、作成したい位置に合わせてクリックします。

### イラストに合わせてアートボードを追加する
アートボードツール でオブジェクト（グループ化したイラストなど）をクリックすると、オブジェクトと同じサイズのアートボードを作成します。

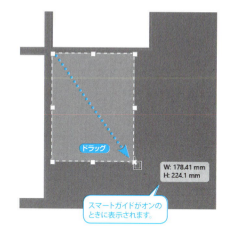

## アートボードを整列する（CC2018）

CC2018からアートボードを整列するための機能が追加されました。

### すべてのアートボードを再配置する
「コントロール」パネルあるいは「プロパティ」パネルの「すべて再配置」ボタンをクリックすると、「すべてのアートボードを再配置」ダイアログボックスが開きます。
ここで配列ルールや間隔を定義して、すべてのアートボードを再配置できます。

### 「整列」パネルでアートボードを整列・分布する
アートボードツール で複数のアートボードを選択して、「整列」パネルにある目的の整列または分布のボタンをクリックします。
「整列」パネルの操作方法は、162ページを参照してください。

# ③ Illustratorの基本操作

はじめに、以下のサイトで本書で使用するサンプルをダウンロードしてください。

http://www.sotechsha.co.jp/sp/1194/

ダウンロードが終了したら、圧縮ファイルを解凍します。

Zip形式で圧縮しています。パスワードの入力は必要ありません。

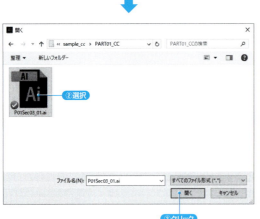

① Illustratorを起動したら、サンプルファイルを開きます。

① ［ファイル→開く］（ Ctrl + O ）を選択します。
② 解凍先のフォルダにある「P01Sec03_01.ai」のファイルを選択します。
③「開く」ボタンをクリックします。

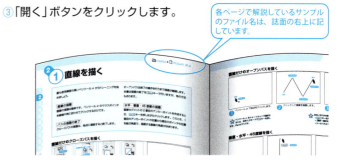

各ページで解説しているサンプルのファイル名は、誌面の右上に記しています。

以降、ファイルを開く手順を省きますが、対応するサンプルを開きながら読み進めてください。
また、サンプルを操作するときは、［表示→スマートガイド］（ Ctrl + U ）はオフ[*1]に設定してください。CCは［コーナーウィジェットを隠す］を選択して、ライブコーナー機能をオフ[*2]にしてください。

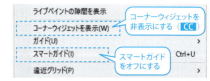

[*1]：サンプルのアートボード内には解説用のオブジェクトを配置しています（一部解説のないファイルもあります）。スマートガイドをオンにすると、解説用のオブジェクトにも反応して操作の妨げになります。オンに設定する指示があるサンプル以外は、オフの設定で操作してください。

[*2]：ライブコーナー機能をオンにすると、パスを操作するときの妨げになることがあります。本書では、ライブコーナー機能を使うとき以外はオフに設定します。

📁 PART01 ▶ 📄 P01Sec03_01.ai

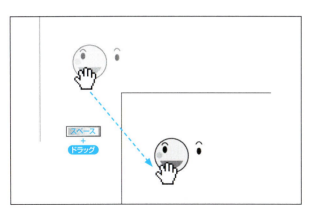

**②** サンプルを開いたら スペース キーを押したままにして、ポインタを 🖐（手のひらツール）に変えます。🖐のポインタをイラストの近くに寄せて、作業しやすい中央までドラッグします。

手のひらツール 🖐 は、ドキュメントウィンドウ内の表示位置を変更するツールです。頻繁に使用するツールなので、ショートカットキーを覚えると効率よく作業できます。ただし、CS6はテキストを入力するときだけ スペース キーで🖐に切り替えることができません。CCは、テキスト入力中に Alt キーを押して🖐に切り替えることができます。

**③** イラストを中央に移動したら、Ctrl + スペース キーを押したままにして、ポインタを 🔍（ズームツール）に変えます。イラストの上でクリックすると、クリックした位置を中心に拡大表示します。

ズームツール 🔍 は、ドキュメントウィンドウ内の表示倍率を変更するツールです。このツールもショートカットキーで覚えましょう。作業に適した表示サイズになるまで、クリックを繰り返します。

大きすぎる場合は、 Alt + Ctrl + スペース キーを同時に押して 🔍 に変えます。クリックすると、表示が小さくなります。

イラストの表示位置がズレたら、 スペース キーだけ押して🖐で移動します。

**④** キーボードとマウスのボタンを放して、▶（選択ツール）のポインタに戻します。

選択ツール ▶ は、オブジェクトの選択・移動などに使用するツールです。▶のポインタにならないときは、ツールパネルの一番上にある選択ツール ▶ のボタンをクリックしてください。

選択ツール ▶ で楕円をクリックします。楕円が選択状態になると、バウンディングボックスと呼ばれる補助線が表示されます。

豆知識　マウスホイールをロールアップ／ダウンするとスクロールします。また、Altキーを押しながらロールアップ／ダウンすると拡大・縮小表示します。
CC 以降は、タッチ操作で2本の指を動かした方向にスクロールして、2本の指を広げると拡大、狭めると縮小表示します。

021

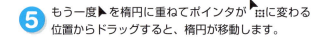

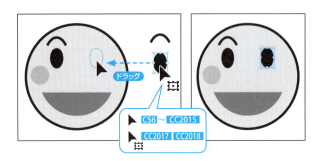

**5** もう一度▶を楕円に重ねてポインタが に変わる位置からドラッグすると、楕円が移動します。

バウンディングボックスのハンドルをドラッグすると、楕円が変形するので注意してください[*1]。
失敗したら［編集→取り消し］（ Ctrl ＋ Z ）を選択して、やり直します。

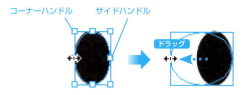

**6** 曲線（眉毛）を移動します。
顔の上に重ねると、曲線の内側に白い部分があるのが確認できます。

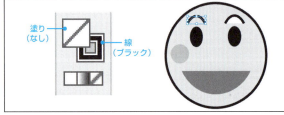

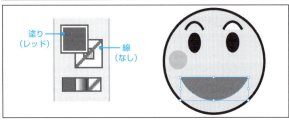

**7** 左右の曲線を交互に選択して、ツールパネルの に注目してください。

選択しているパスに設定しているカラーが のボックスで確認できます。赤い斜線 の場合は、「（カラー設定が）なし」を示しています。

右側の曲線は「塗り：ホワイト」「線：ブラック」、左側の曲線は「塗り：なし」「線：ブラック」の設定です。

Illustratorは、塗りに色を設定すると線とその内側の領域を塗りつぶします。
輪のように閉じた線（クローズパス）では、内側全体が塗りの領域になりますが、紐のように開いている線（オープンパス）の場合、線の端と端を直線でつないだ領域を塗りつぶします。

クローズパス

オープンパス

豆知識 bounding（バウンディング）…境界

＊1：バウンディングボックスが操作の妨げになるときは、［表示→バウンディングボックスを隠す］（Shift+Ctrl+B）を選択して非表示にできます。

📁 PART01 ▶ 📄 P01Sec03_01.ai

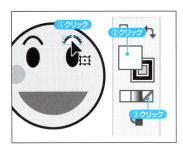
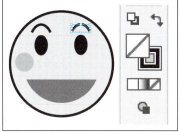

**8** 右側の眉毛の白い塗りを消しましょう。

① 右側の眉毛を選択します。
② ツールパネルの「塗り」をクリックします。
③ カラーボックスの下にある ▢ (なし) をクリックします[*1]。

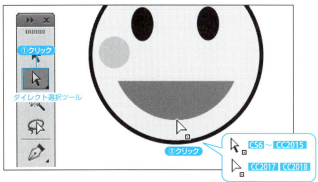

**9** ベジェ曲線の構造を見てみましょう。

① ツールパネルのダイレクト選択ツール ▷ を選択します。
② 半円の下にポインタを重ねて、▷や▷ から▷ のポインタに変わる位置でクリックします。

▷ に変わる位置に「アンカーポイント」と呼ばれる小さな四角い点があります。

選択したアンカーポイントは「■」で表示します。未選択のアンカーポイントは「□」で表示します。

曲線のアンカーポイントには、方向線が付いています。

アンカーポイントの間をつなぐ線を「**セグメント**」と呼びます。

セグメントを連結するアンカーポイントには、「**スムーズポイント**」と「**コーナーポイント**」があります。
曲線のセグメント同士を滑らかに連結するために、方向線の角度を1直線に揃えたのがスムーズポイントで、それ以外がコーナーポイントです。

このアンカーポイント、方向線、セグメントで構成された線を総称して「**パス**」と呼びます。

パス、テキスト、ビットマップ画像など、ドキュメント内に作成できるアイテムを「**オブジェクト**」と呼びます。

方向線やアンカーポイントを動かすと、パスの形が変わります。ペイントツールとは違って、イラストを描いた後からでも自由に形を変更できるのがIllustratorの特長です。

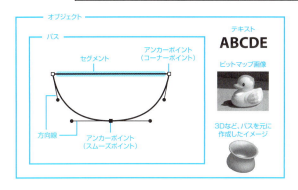

path (パス) …道、道筋、軌道
anchor (アンカー) …錨、固定装置
segment (セグメント) …区分、分割

*1：英字入力モードで「/」(スラッシュ) キーを押すと、「なし」になります。赤い斜めの線がスラッシュと同じ形なので覚えやすいです。

023

**❿** ダイレクト選択ツール で方向線の先端やアンカーポイントをドラッグして、口を変形してみましょう。

方向線の長さや角度、アンカーポイントの位置で形が変わります。

選択ツール はパス全体を編集するときに使い、ダイレクト選択ツール はパスの一部（アンカーポイントや方向線）を編集するときに使います。

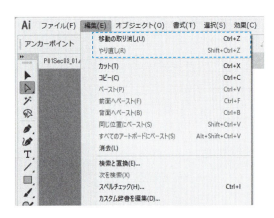

**⓫** ［編集→取り消し］（Ctrl + Z）を選択すると1つ前の状態に戻り、［編集→やり直し］（Shift + Ctrl + Z）を選択すると、再び元に戻すことができます。変形した口を元に戻してください。

［取り消し］［やり直し］は［編集］メニューの上2つにあります。メニュー名は最後の操作内容に合わせて変わります。ここでの表示は、［移動の取り消し］になります。

［取り消し］（やり直し）の回数は、使用可能なメモリ容量によって異なります。

［ファイル→復帰］（F12）は最後に保存した状態まで戻ることができますが、［復帰］を取り消すことはできません。

📁 PART01 ▶ 📄 P01Sec03_01.ai

 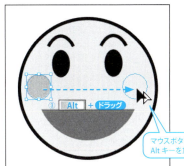 

**⑫** 左のほっぺを右にコピーします。

① 選択ツール ▶ を選択します。
② 左側の円（ほっぺ）を選択します。
③ Alt キーを押しながらドラッグします。

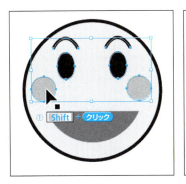 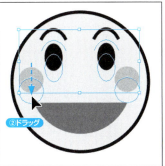

**⑬** 眉毛、目、ほっぺを選択して、少し下に移動します。

① Shift キーを押しながら選択するオブジェクトをクリックします。
② Shift キーを放して、選択したオブジェクトをドラッグします。

Shift キーを押しながら選択したオブジェクトをクリックすると、選択が解除されます。

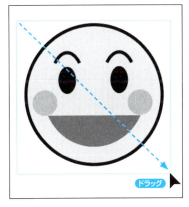 

**⑭** 選択ツール ▶ をドラッグして点線で囲むと、その範囲にあるオブジェクトをすべて選択します。この方法で選択すると、背面に隠れたオブジェクトも選択できます。

選択をすべて解除するときは、オブジェクトのないスペースをクリックします。

または［選択→選択を解除］（ Shift + Ctrl + A ）を適用します。

025

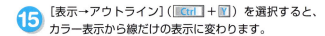

プレビュー表示

アウトライン表示

⑮ [表示→アウトライン]（Ctrl＋Y）を選択すると、カラー表示から線だけの表示に変わります。

表示を変えてもイラストデータには影響ありません。
アウトライン表示では、後ろに隠れたオブジェクトや、塗りと線の設定がないオブジェクトも確認できます。

[アウトライン]を選択すると、同じ位置のコマンド名が[プレビュー]に変わります。同じショートカットキー（Ctrl＋Y）でプレビュー表示とアウトライン表示が切り替わります。

豆知識 印刷データを入稿するとき「テキストをアウトライン化してください」と指示が入る場合があります。このときは表示を[アウトライン]にするのではなく、テキストをパスに変換する操作を行います。選択ツールでテキストを選択したら、[書式→アウトラインを作成]（Shift+Ctrl+O）を適用します。アウトライン化したテキストは書式設定などの編集が不可能になるので、制作工程の一番最後に行います。

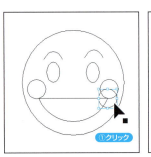
①クリック

② Delete

⑯ 後ろに隠れたほっぺを削除します。

① 選択ツール ▶ で削除するオブジェクトを選択します。
② Delete キーで削除します。
③ [表示→GPUでプレビュー *1]（Ctrl＋Y）を選択して、元のカラー表示に戻ります。

アウトライン表示のときは、線の上をクリックしてオブジェクトを選択します。
オブジェクトを移動するときも、線の上にポインタの先端を合わせてドラッグします。

[編集→カット]（Ctrl＋X）は、削除したオブジェクトのデータをメモリに記憶して、次の操作でペーストするためのコマンドです。
ペーストする必要がないときは、[編集→消去]を選択するか、Delete キーでオブジェクトを削除すると、メモリに負担がかかりません。

*1： CS6 から CC2014 は[プレビュー]を選択します。CC2015 以降でGPUパフォーマンス機能が無効のときは、[CPUプレビュー]を選択します（お使いのパソコンにGPUが搭載されており、GPUパフォーマンス機能が有効のときは、高速に描画される[GPUプレビュー]と通常の[CPUプレビュー]を切り替えて表示できます）。

 イラストをプリントします。

① [ファイル→プリント]（Ctrl + P）を選択して、「プリント」ダイアログボックスを開きます。
② 出力するプリンターを設定します。
③ 用紙サイズと用紙の方向を設定します。
④ プレビュー画像をドラッグして、プリント位置を設定します。
⑤ 「プリント」ボタンをクリックして、プリントを開始します。

プリントの設定だけで終了するときは、「完了」ボタンをクリックします。

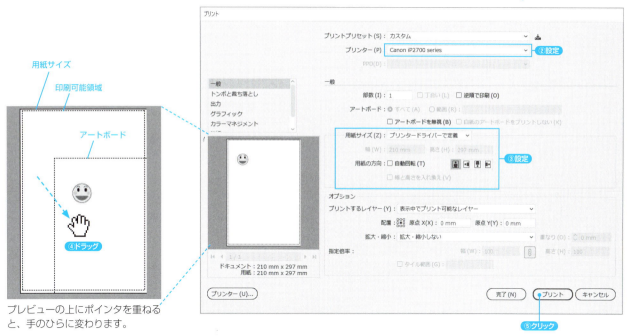

プレビューの上にポインタを重ねると、手のひらに変わります。

### 範囲
ドキュメントに複数のアートボードがある場合は、「アートボード」オプションを設定します。
「範囲」には、「アートボード」パネルの左端にある数字で対象のアートボードを指定します。「1-3」と入力するとアートボードの「1」「2」「3」、「1,3」と入力するとアートボードの「1」と「3」が印刷されます。

### 丁合い
「部数」を複数にしたとき設定できます。
例えば、3ページ3部を印刷するとき、オフのときは「111 222 333」、オンのときは「123 123 123」の順番で印刷します。

### 逆順で印刷
オンにすると、最終ページから順番に印刷します。印刷面が上向きで印刷されるプリンタの場合に便利なオプションです。

### アートボードを無視
オンにすると、カンバス上のイラストも印刷します。ただし、プリントできるのは、印刷可能領域内（010ページ参照）にあるイラストです。

### 白紙のアートボードをプリントしない
オンにすると、オブジェクトが何もないアートボードを印刷対象外にします。

📁 PART01 ▶ 📄 P01Sec03_01.ai

⑱ ここまでの操作を保存します。ただし、繰り返しトレーニングできるように、上書き保存せずに別ファイルとして保存します。

① [ファイル→別名で保存]（ Shift + Ctrl + S ）を選択して、「別名で保存」ダイアログボックスを開きます。
② 新しいファイル名を入力します。
③ 「保存」ボタンをクリックします。
④ 「Illustratorオプション」ダイアログボックスが開いたら、「OK」ボタンをクリックします。

⑲ [ファイル→閉じる]（ Ctrl + W ）を選択して、操作の終了です。

※ファイルアイコンのデザインは、使用しているOSやバージョンによって異なります。

[保存] Ctrl + S
はじめての保存や、同じ設定で上書き保存します。
「Adobe Illustrator」形式以外や下位バージョンで保存すると、再び開く時に一部のデータが正しく読み込めなくなることがあります。
必ずバックアップ用に同じバージョンの「Adobe Illustrator」形式で保存したファイルを保存してください。

[別名で保存] Shift + Ctrl + S
ファイル名やファイル形式を変えて保存します。変更前のファイルと変更後のファイルは、別ファイルになります。

[複製を保存] Alt + Ctrl + S
現在作業中のファイルのキープ案として保存します。「イラスト」というファイルを「イラスト コピー」で保存して、そのまま「イラスト」のファイルで作業を続けることができます。

[テンプレートとして保存]
量産するためのフォーマットとして保存します。テンプレートとして保存したファイルを開くと、保存したときと同じ状態の新規（名称未設定）ドキュメントが開きます。

[選択したスライスを保存]
スライス選択ツールでスライスを選択してから保存します。ファイル形式などは、「Web用に保存」ダイアログボックスの設定に従います。

P　CS6にあった[Web用に保存]がCCから[ファイル→書き出し]のサブメニューに移動しました。CCでは、「Web用に保存」ダイアログボックスで設定したオプションが[選択したスライスを保存]コマンドで保存する画像にも適用されます。

P　CC2015以降は、データの復元機能があります。データを保存する前に突然終了しても、Illustratorを再起動したときにデータを復元することができます。ただし、複雑なドキュメントは復元できない場合もあるので、保存はこまめに行いましょう。
自動保存の間隔（初期設定：2分）は、「環境設定」の[ファイル管理・クリップボード]にある「データの復元」オプションで設定します。

豆知識　「Illustratorオプション」ダイアログボックスの「PDF互換ファイルを作成」をオフにするとファイルサイズを縮小できますが、他のAdobeアプリケーションとの互換性がなくなります（Illustratorに配置する場合もイラストを表示できません）。

# PART2
## パスの描画

# 2-1 直線を描く

📁 PART02 ▶ 📄 P02Sec01_01.ai

最も使用頻度の高いペンツール ✐ からトレーニングを始めましょう。

### 直線の描画
直線の描画は簡単です。ペンツール ✐ のマウスポインタを線端や角に合わせてクリックするだけです。

### パスの描画の終了
クローズパスの描画は、始点に連結すると終了します。

オープンパスは終了の操作を行うまで描画が継続します。本書は描画の終了を Enter キーで行いますが、他の方法もあります。

### 水平・垂直・45度線の描画
直線セグメントの2番目のアンカーポイントを作成するとき、 Shift キーを押しながらクリックします。このとき、1番目のアンカーポイントの位置から現在のポインタの位置を結ぶ角度で、描画する直線の角度が決まります。

## 直線だけのクローズパスを描く

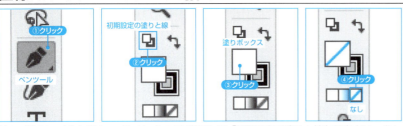

サンプルファイルを開き、ペンツール ✐ を選択して「初期設定の塗りと線」*1 をクリックします。次に、塗りボックスをクリックして、「なし」をクリックしたら準備OKです。この設定で1pt幅の黒い線が描画できます。下絵をなぞるように描画しましょう。

❶ ペンツール ✐ のポインタを始点に合わせてクリックします。

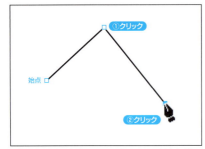

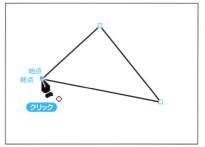

❷ 順番に角をクリックして、直線を描画します。

❸ 始点にポインタを重ねると、○付きのポインタに変わります。

❹ クリックして始点に連結すると、パスの描画が終了します。

*1:「初期設定の塗りと線」をクリックすると、「塗り：ホワイト」「線：ブラック」「線幅：1pt」「バット線端」「マイター結合（角の比率：4）」「破線：オフ」の設定になります。

## 直線だけのオープンパスを描く

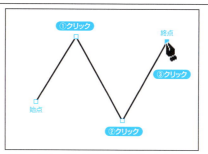
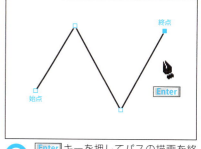

① ペンツール で始点をクリックします。

② クリックして直線を描画します。

③ Enter キーを押してパスの描画を終了します。

> ペンツール をショートカットで選択するには、英字入力モードで P キーを押します。Penの「P」です。

> 次のいずれかの操作でもオープンパスの描画を終了できます。
> ● Ctrl キーを押しながら何も無いところをクリックする
> ● [選択→選択を解除]（ Shift + Ctrl + A ）を適用する
> ● ツールパネルで別のツールを選択する

## 垂直・水平・45度線を描く

① ペンツール で始点をクリックします。

② ポインタを縦方向に移動して、Shift キーを押しながらクリックすると、垂直線になります。

③ ポインタを横方向に移動して、Shift キーを押しながらクリックすると、水平線になります。

> Shift キーを押しながらクリックするとき、始点のアンカーポイントの位置から現在のポインタの位置を結ぶ角度で描画する直線の角度が決まります。

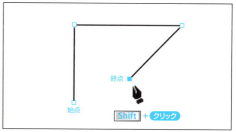

④ ポインタを斜め方向に移動して、Shift キーを押しながらクリックすると、45度に傾いた線になります。最後は Enter キーを押してパスの描画を終了します。

# 直線の練習

## 下絵にあわせてイラストを描いてください。

- ☐ 下絵と同じ直線を描画できるか？ → ペンツール ✐ を使い、線の端や角に方向線の無いアンカーポイントを作成します。
- ☐ 複数のオープンパスを連続して描画できるか？ → オープンパスの描画終了方法を覚えます。
- ☐ 水平・垂直線を描画できるか？ → Shift キーを押しながらクリックします。

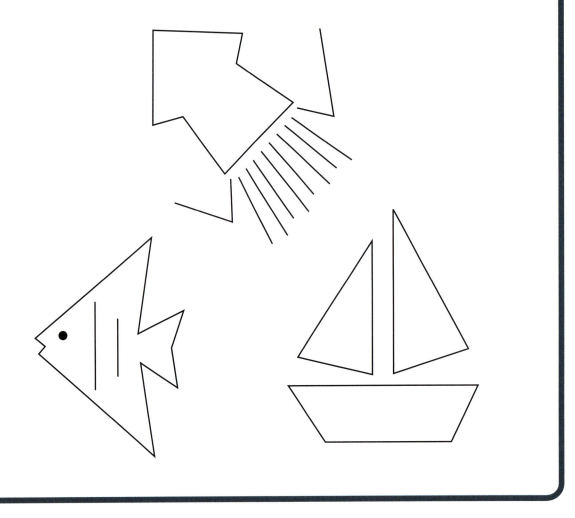

# 2 曲線を描く

アンカーポイントから方向線を伸ばすと曲線になります。ペンツールでドラッグすると、マウスボタンを押し始めた位置にアンカーポイントが作成され、マウスボタンを放した位置まで方向線が伸びます。

### 方向線
方向線はセグメントの始点側と終点側の両方から伸ばすことができ、片方だけでも曲線になります。
方向線を片方だけ伸ばした場合は1つのカーブ、両方伸ばした場合は2つのカーブを描くことができます。

始点側の方向線はドラッグしたときのポインタ側で設定して、終点側の方向線はポインタの反対側で設定します。

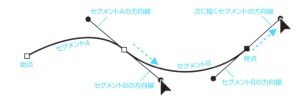

### 滑らかな曲線
ペンツールのドラッグで伸ばす2本の方向線は、角度が揃うように一体化しています。

角度が揃っていると同じカーブを描くので、継ぎ目の無い滑らかな曲線を続けて描くことができます。
この一体化した2本の方向線を持つアンカーポイントをスムーズポイントと呼びます[1]。

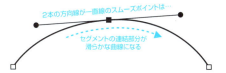

### 複雑な線
曲線から直線を描いたり、曲線の向きを変えるときは、方向線を1本にしたり、方向線の角度を変えてセグメントを繋ぎます。

どんな複雑な形も、所詮は直線と曲線の組み合わせにすぎません。直線と曲線の描き分けを覚えれば、何でも描くことができるのです。

― 曲線セグメント
― 直線セグメント

*1：スムーズポイント以外（方向線が無い、方向線が1本だけ、2本の方向線の向きが異なる）をコーナーポイントと呼びます。

## 曲線だけのオープンパスを描く

① ペンツール　で始点をクリックします。

② 次にドラッグして方向線を伸ばすと、始点から②に向ってカーブする曲線になります。マウスボタンを放すと曲線の形が確定します。
※マウスボタンを放す前に方向線を動かして、曲線の変化を確認してください。

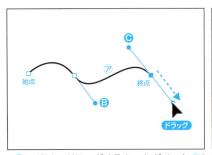

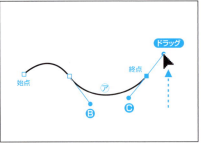

③ 続けてドラッグすると、セグメント⑦に対して2本の方向線が設定されます。この曲線セグメントの前半は⑧方向にカーブして、後半は⑨に向かってカーブします。また、方向線は長く伸ばすと曲がる力が強く働きます。方向線の角度と長さで曲がり具合を予測できれば、思い通りに曲線を描画できます。
※マウスボタンを放す前に方向線を動かして、曲線の変化を確認してください。

④ マウスボタンを放して曲線の形を確定したら、Enterキーを押してパスの描画を終了します。

CC2014以降は、方向線を伸ばしている途中にCtrlキーを押して、方向線の長さが異なるスムーズポイントをつくることができます。

## 曲線だけのクローズパスを描く

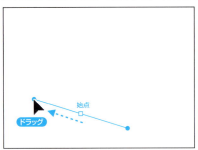

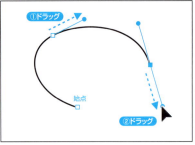

① 始点でドラッグして、方向線を作成します。

② ドラッグを繰り返して、曲線を描画します。

③ 始点に重ねて○付きのポインタに変わったら、マウスボタンを押して…
※マウスボタンを押したまま次の手順に進みます。

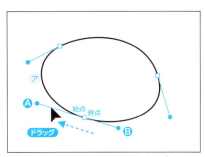
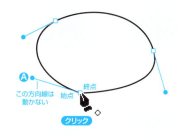
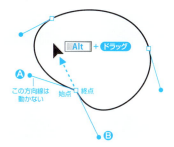

④ 最初に作成した始点の方向線Ⓐを動かしながら方向線Ⓑを設定します。Ⓐの長さは変わりませんが、方向線Ⓑと同じ角度に変化します。最初に作成したセグメントアの形にも注意してください。
マウスボタンを放すと曲線の形が確定して、パスの描画が終了します。

P 始点の上でクリックすると、終点側の方向線は作成されません。始点の方向線Ⓐは動きません。

P Altキーを押してからドラッグすると、始点の方向線Ⓐを固定したまま終点の方向線Ⓑを作成できます。

P アンカーポイントを作成するクリックのときや、方向線を伸ばしているときのドラッグ中にマウスボタンを押したままスペースキーを押すと、アンカーポイントの位置を移動できます。CC2014以降は、パスを閉じるときも移動できます。CS6からv.17はパスを閉じるときに移動できません。

## 曲線から直線を描く

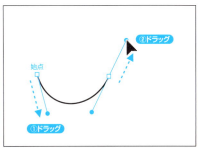

① 方向線を伸ばして曲線を描画します。

P Shiftキーを押しながらドラッグすると、方向線の角度が45度単位に固定されます。

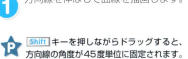
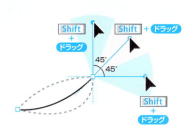

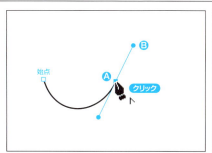

② 作成したアンカーポイントⒶをクリックして、次のセグメントの方向線Ⓑを削除します。

P 曲線セグメントは、アンカーポイントと方向線をつないだエリア内に作られます。

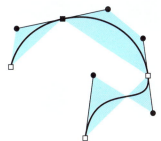

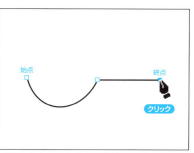

③ 次をクリックして曲線から直線を描画したら、Enterキーを押して描画を終了します。

## 直線から曲線を描く

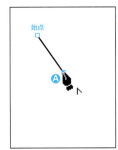
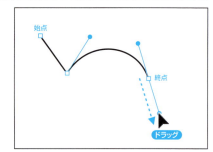

① クリックして直線を描画します。

② 作成したアンカーポイント Ⓐ の上からドラッグして、次のセグメントの方向線を作成します。

③ 次のポイントを作成して直線から曲線を描画したら、Enter キーを押して描画を終了します。

## こぶを描く

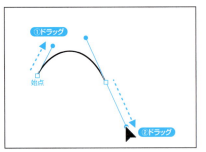
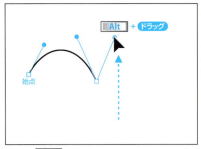
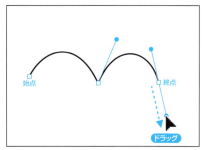

① 曲線の描画で方向線を伸ばして、マウスボタンを押したまま、いったん停止します。

② Alt キーを押しながらドラッグを再開して、ポインタ側の方向線だけを移動します。

③ 次のポイントを作成して曲線を描画したら、Enter キーを押して描画を終了します。

P 描画を終了したオープンパスの線端にペンツール を重ねてクリックまたはドラッグすると、線の続きが描画できます。

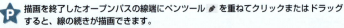

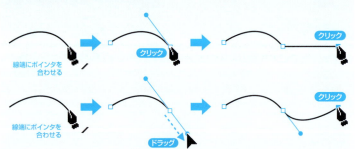

P CC2014以降の曲線ツール は、3箇所のポイントを設定して曲線を描きます。

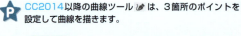

3つのポイントの間隔や角度でカーブが変わります。

2つ目のポイントでダブルクリックすると、直線になります。

描画を途中で終了するときは、Esc キーを押します。

# 曲線の練習

下絵にあわせてイラストを描いてください。

- □ 下絵と同じ曲線を描画できるか？ → アンカーポイントから方向線を伸ばしてカーブに合う長さと角度に調整します。
- □ 曲線から直線を描画できるか？ → スムーズポイントをクリックして方向線を削除します。
- □ 直線から曲線を描画できるか？ → アンカーポイントをドラッグして方向線を伸ばします。
- □ 曲線の向きを変えて描画できるか？ → 方向線を伸ばして Alt キーを押しながらドラッグします。

# Column

フランスの自動車メーカー、ルノー社でシステム開発をしていた Bézier（ベジェ）氏が、自動車を設計する CAD 用に考案したのがベジェ曲線です。
コンピュータ上で滑らかな曲線を描くことができるベジェ曲線は、Illustrator など多くのグラフィックソフトで使われています。方向線と呼ばれる不思議な線が、いったいどんな役割をしているのか説明します。

**1** 図のような方向線を作成した場合、どんなカーブを描くでしょうか？

**2** ベジェ曲線は、セグメントの両端にあるアンカーポイントと方向点の4つの制御点で曲線を定義します。
まずは、各点を「A」「B」「C」「D」とします。

**3** 「A-B」「B-C」「C-D」を直線で結びます。

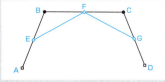

**4** 各線の中間に分割点「E」「F」「G」を設定して、直線で結びます。

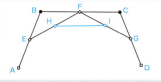

**5** 分割点を結んだ直線の中間に分割点「H」「I」を設定して、直線で結びます。

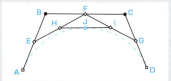

**6** 「H-I」の中間の分割点「J」が曲線の通過点になります。

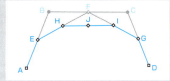

**7** 「A-E-H-J」と「D-G-I-J」で同じ分割をします。

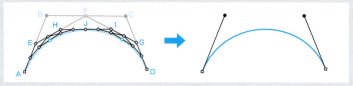

**8** この分割を繰り返すことで、曲線の通過点が決まります。

## 2-3 フリーハンド線を描く

スケッチのようにすばやくパスを描画したいときは、鉛筆ツール やブラシツール を使用します。

**鉛筆ツールとブラシツール**

鉛筆ツール とブラシツール は、マウスでドラッグした軌跡がそのまま線になります。いちいち方向線を伸ばさなくても、ドラッグでカーブを描けばそのまま同じ形の曲線になります。
鉛筆ツール は、均一の線幅でフリーハンド線を描きます。
ブラシツール は、フリーハンド線を作成すると同時に選択したブラシストロークを適用します。筆圧対応のペンタブレットを使うと、ブラシの形状が筆圧で変化します。

### 鉛筆ツールで自由な線を描く

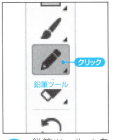
① 鉛筆ツール を選択します。

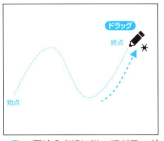
② 下絵の点線に沿ってドラッグします。

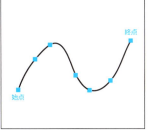
③ マウスボタンを放すとドラッグの軌跡がパスに変わり、オープンパスのまま*1 描画が終了します。

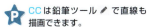

**P** CC は鉛筆ツール で直線も描画できます。
Alt キーを押すと、鉛筆ツール のポインタが＿付きになり、Alt キーを押したままドラッグした方向に直線を描画できます。
水平・垂直・45度の線を描くときは、Shift キーを一緒に押してください。
自由な線を描いている途中に直線を描くこともできます。ただし、マウスボタンを放すとパスの描画が終了するので、描画を再開するときは、線端のアンカーポイントにポインタを合わせてからドラッグします。

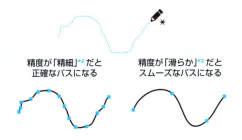

精度が「精細」*2 だと正確なパスになる

精度が「滑らか」*2 だとスムーズなパスになる

**P** ツールパネルにある鉛筆ツール やブラシツール のボタンをダブルクリックしてツールオプションダイアログボックスを開きます。

CC は4段階で設定します。

CC2014 から追加されました。

CC2015 から追加されました。

選択したパスを編集（描き足しや描き直し）するときは、ポインタの先端を指定範囲までパスに近づけます。

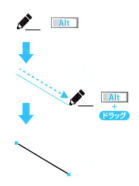

＊1： CC 始点の近くでマウスボタンを放すと、パスを閉じて描画を終了します。
CS6 Alt キーを押しながらマウスボタンを放すと、直線セグメントで閉じたクローズパスになります。

＊2： CS6 許容値（精度、滑らかさ）の値が小さいと正確なパスになり、値が大きいとスムーズなパスになります。

PART02 ▶ P02Sec03_01.ai

## 線を描き足す

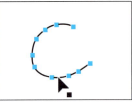  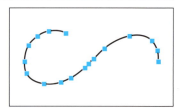

① 選択ツール ▶ を使用するか、鉛筆ツール ✏ のまま Ctrl キーを押してパスを選択します。

② 選択した線の端から鉛筆ツール ✏ でドラッグします。
※ CC は、延長できる線端に近づくと「✏」付きのポインタが表示されます。CS6 のポインタは、鉛筆だけの表示になります。

③ マウスボタンを放すとドラッグした分のパスが追加されます。

P Ctrl キーを押している間は、最後に使用した選択ツール（選択ツール ▶ またはダイレクト選択ツール ▷ ）になります。

P ペンツール ✏ は未選択でもパスの線端から描き足すことができます。鉛筆ツール ✏ は鉛筆ツールオプションの「選択したパスを編集」がオンのときだけ、選択したパスの線端から描き足しや描き直しができます。

## 途中から線を描き直す

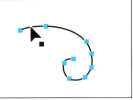  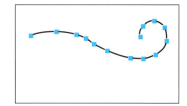

① 選択ツール ▶ を使用するか、鉛筆ツール ✏ のまま Ctrl キーを押してパスを選択します。

② 選択した線の途中から鉛筆ツール ✏ でドラッグします。

③ マウスボタンを放すとドラッグしたところから新しいパスに変わります。

P 鉛筆ツール ✏ をショートカットで選択するには、英字入力モードで N キーを押します。

P 初期設定の鉛筆ツール ✏ は、描画を終了しても選択状態のままになります。このため、描画したパスの近くから次のパスを描くと、意図しない描き足しや描き直しになることがあります。例えば右図のような髪の毛をたくさん描きたいときは、鉛筆ツールオプションの「選択を解除しない」（初期設定ではオン）をオフに設定します。

## 線の一部を描き直す

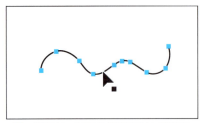 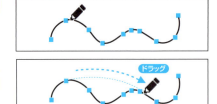 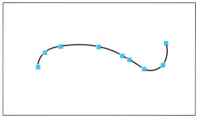

① 選択ツール ▶ を使用するか、鉛筆ツール ✏ のまま Ctrl キーを押してパスを選択します。

② 選択した線の途中から鉛筆ツール ✏ でドラッグして、再びパスに合流します。

③ マウスボタンを放すと分岐したところから合流したところまでのパスが変わります。

## スムーズツールで線を滑らかにする

❶ パスを選択して、スムーズツール ✎ を選択します。

❷ スムーズにしたい部分のパスに沿ってドラッグします。
※ CC のポインタは円形ですが、CS6 のポインタは鉛筆です。

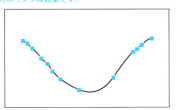

❸ ドラッグした範囲が滑らかな曲線に変わります。

> スムーズツール ✎ で繰り返しドラッグして、さらに滑らかなパスに修正できます。1回のドラッグで滑らかにする強さは、スムーズツールオプション（スムーズツールボタン ✎ をダブルクリックすると開きます）の精度[*1]で設定します。

> パスを選択して［オブジェクト→パス→単純化］を選択すると、パス全体を数値指定で滑らかにできます。複数のパスを選択して、まとめて滑らかにすることができます。

> CC2014以降は、鉛筆ツールオプションの「Altキーでスムーズツールを使用」（初期設定：オフ）をオンにすると、 Alt キーを押している間は、鉛筆ツール ✎ がスムーズツール ✎ に切り替わります。

## パス消しゴムツールで線を消す

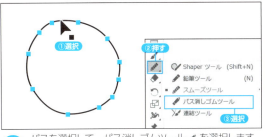
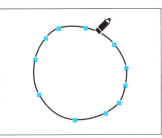
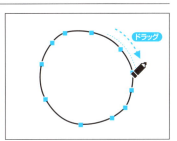

❶ パスを選択して、パス消しゴムツール ✎ を選択します。

❷ 削除したい部分のパスに沿ってドラッグします。

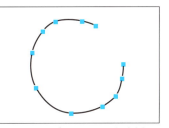

> CS6の鉛筆ツール ✎ とパス消しゴムツール ✎ は、 Alt キーを押している間はスムーズツール ✎ に切り替わります。

> 鉛筆ツール ✎ で描く線に塗りを適用するときは、鉛筆ツールオプションの「鉛筆の線に塗りを適用」（初期設定：オフ）をオンに設定します。

❸ ドラッグした範囲の線が消えます。

*1： CS6 「精度」と「滑らかさ」で設定します。

## ペンタブレットでカリグラフィブラシの線を描く

① ブラシツール ✎ を選択します。

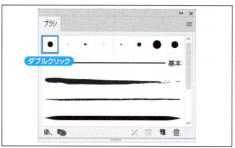

② 「ブラシ」パネル（ F5 ）を開いて、左端にあるカリグラフィブラシをダブルクリックします。

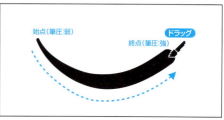

③ 直径を「筆圧」に設定して、「変位」を指定します。

> 筆圧感知機能のあるペンタブレットを接続すると筆圧の設定ができます。
> 例えば「直径：10pt」「筆圧」「変位：8pt」に設定すると、筆圧に合わせて最小2ptから最大18ptまでの太さで変化します。
> また、角度や真円率を「ランダム」に設定すると、ドラッグするたびにブラシの形状が変化するので、不規則なタッチで描画できます。

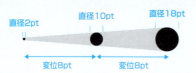

④ 筆圧に強弱をつけながらドラッグします。

## アートブラシで線を描く

① ブラシツール ✎ を選択して、「ブラシ」パネルからアートブラシを選択します。

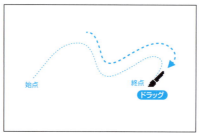

② ドラッグします。

③ マウスボタンを放すと、ブラシイメージに変わります。

> アートブラシの太さは線幅で指定します。「線幅：1pt」が登録サイズと同じになり、「線幅：0.5pt」が登録サイズの半分になります。

線幅:2pt　　線幅:1pt（登録サイズ）　　線幅:0.5pt

> ブラシツール ✎ をショートカットで選択するには、英字入力モードで  キーを押します。Brushの「B」です。

> [ウィンドウ→ブラシライブラリ] に付属のプリセットブラシパターンがあります。パネルを開いてブラシを選択すると、「ブラシ」パネルに追加されます。

> アートブラシは、筆圧に対応しません。

# Column

CC2014以降の連結ツール  は、交差したパスやオープンパスを結合すると同時に、不要なセグメントをトリミングできます。
例えば、鉛筆ツール ✏ を使って描いたラフな線も補完して結合します。
このツールが追加されて、輪郭を分割して描く方法が簡単になりました。

**1** 連結ツール ✒ を選択します。

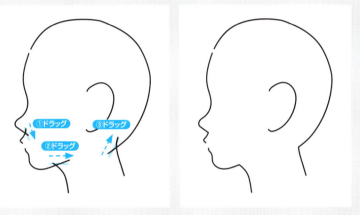

**2** オブジェクトは選択しないで、パスのはみ出した部分をドラッグすると、トリミングしてパスを結合します。

単純に直線で連結するのではなく、流れに合わせて結合します。

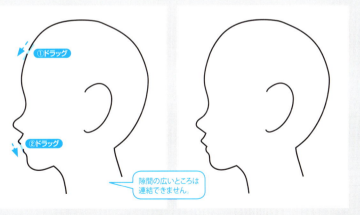

隙間の広いところは連結できません。

**3** 隙間のある部分をドラッグすると、間を補完してパスを結合します。

パスの描画 ▼ フリーハンド線を描く

043

# 2-4 塗りブラシツールで描く

PART02 ▶ P02Sec04_01.ai

塗りブラシツール と消しゴムツール は、どちらもブラシの輪郭と同じ形状のパスを作成します。筆圧対応のペンタブレットを使えば、ブラシの形状が筆圧で変化します。

### 塗りブラシツール

塗りブラシツール は、ブラシでペイントした領域が塗りになるパスを作成します。

同じ塗り色のままペイントすると、重なり合うパスが結合します。また、重なり順が隣接していれば、他のツールで描いた同じ塗り色のパスにも結合します。

ブラシ形状は「ブラシ」パネルのカリグラフィブラシを選択するか、「塗りブラシツールオプション」ダイアログボックスで設定します。

### 消しゴムツール

消しゴムツール は、描画したパスの塗りの領域をブラシの輪郭で消去します。

パスを選択すると、選択したパスだけが消去の対象になりますが、選択しない場合はドラッグした領域にあるすべてのパスが対象になります。

ブラシ形状は「消しゴムツールオプション」で設定します（「ブラシ」パネルのブラシは使用できません）。

## 塗りブラシツールでパスを描く

 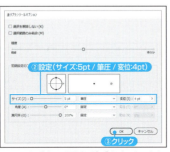 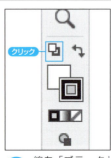 

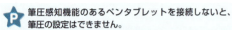

**1** 塗りブラシツールボタン をダブルクリックして、ブラシの形状を設定します。

**2** 線を「ブラック」に設定します。

**3** ドラッグします。描画すると線のカラーが塗りに変わります。

P 筆圧感知機能のあるペンタブレットを接続しないと、筆圧の設定はできません。

P 塗りブラシツール をショートカットで選択するには、英字入力モードで Shift + B キーを押します。

P 塗りブラシツール のブラシは、英字入力モードで ] キーを押すと太く、[ キーを押すと細くなります。

P 塗りのカラーを適用する場合、線は「なし」に設定します。塗りと線を両方設定すると、線のカラーが適用されます。

 線が「なし」のときは、塗りのカラーが適用されます。

P 塗りブラシツール の移動方向を垂直・水平・45度方向に制限するには、Shift キーを押しながらドラッグします。

📁 PART02 ▶ 📄 P02Sec04_01.ai

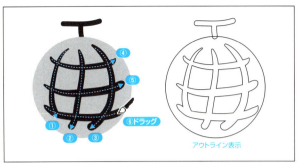

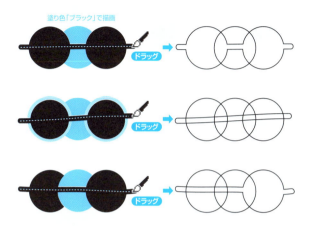

他のツールで描いた同じ塗り色のパスにも結合します。ただし、線の設定があるパスには結合しません。また、異なる塗り色が間に重なる場合も結合しません。

4 塗りブラシツール で続けて描画します。同じ塗り色のパスに重ねると、パスが結合します。

塗り重ねたところを結合しないで描画する場合、塗りブラシツールオプションの「選択範囲のみ結合」をオンに設定します。

[表示→アウトライン]（Ctrl + Y）を選択すると、カラー設定のないアウトライン表示になります。元の表示に戻す場合は［表示→プレビュー］（Ctrl + Y）を選択します。

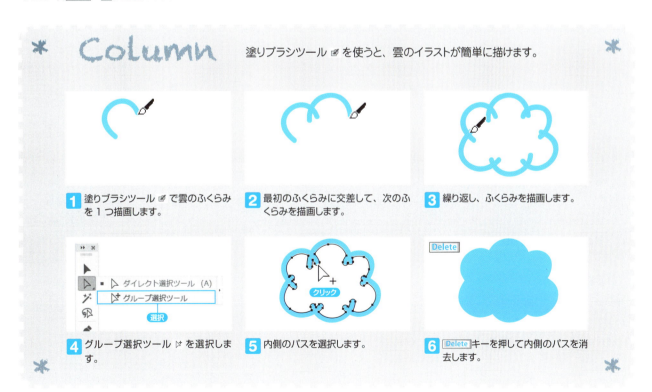

## Column

塗りブラシツール を使うと、雲のイラストが簡単に描けます。

1 塗りブラシツール で雲のふくらみを1つ描画します。

2 最初のふくらみに交差して、次のふくらみを描画します。

3 繰り返し、ふくらみを描画します。

4 グループ選択ツール を選択します。

5 内側のパスを選択します。

6 Delete キーを押して内側のパスを消去します。

045

## 消しゴムツールで消す

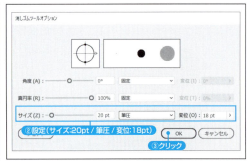
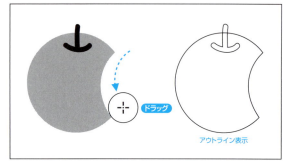

❶ 消しゴムツールボタン ◆ をダブルクリックして、消しゴムのサイズを設定します。

❷ 消去したい塗りの領域をドラッグします。

🅿 消しゴムツール ◆ をショートカットで選択するには、英字入力モードで Shift + E キーを押します。

🅿 筆圧感知機能のあるペンタブレットを接続しないと、筆圧の設定はできません。

🅿 ペンタブレットを使用している場合、ペンをひっくり返すだけで消しゴムツール ✐ に切り替わります。鉛筆のお尻に付いている消しゴムと同じ感覚で操作できます。

🅿 消しゴムツール ◆ は、ドラッグした領域をポインタの形状で消去します（線を設定したパスにも適用できます）。

パス消しゴムツール ✐ は、パスに沿ってドラッグした範囲のパスを消去します（041ページ参照）。

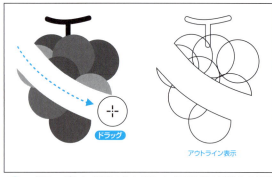

❸ ドラッグした領域に含まれるすべてのパスが消去の対象になります（ロックや非表示にしたパスは除きます）。

🅿 パスを選択すると、選択したパスだけが消去の対象になります（写真やテキストは消去できません）。

🅿 消しゴムツール ◆ のブラシサイズは、英字入力モードで ] キーを押すと太く、[ キーを押すと細くなります。

🅿 消しゴムツール ◆ の移動方向を垂直・水平・45度方向に制限するには、Shift キーを押しながらドラッグします。

🅿 消しゴムツール ◆ で Alt キーを押しながらドラッグすると、矩形で囲んだ領域内を削除します。選択領域を正方形にするときは、Alt + Shift キーを押しながらドラッグします。

## ② ⑤ 線幅ツールで線幅を変える

PART02 ▶ P02Sec05_01.ai

線幅ツール は、線の属性を保持したまま線幅を部分的に変更できます。このツールを使えば、ペンタブレットが無くても筆圧の強弱を擬似的に表現できます。
線幅ツール のポインタを描画した線に合わせると[*1]、パス上に菱形のハンドルが表示されます。ハンドルをドラッグして線幅を設定するか、ダブルクリックでダイアログボックスを開いて線幅の数値を設定します。ハンドルは再編集できます。
線幅ツール で変更した線をプロファイルに保存すれば、別のパスにも同じ線幅を適用できます。

### 部分的に線幅を変える

**①** 線幅ツール を選択します。

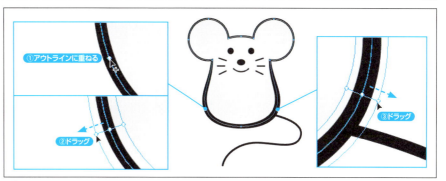

**②** 線幅を変える位置のアウトラインにポインタの先端を重ね、外側に向けてドラッグします。アウトラインを中心に線幅が太くなります。

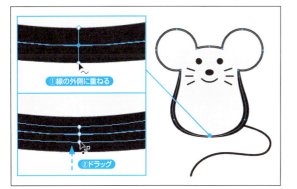

**③** 線の外側にポインタの先端を重ね、内側に向けてドラッグします。アウトラインを中心に線幅が細くなります。

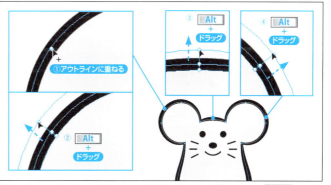

**④** アウトラインにポインタの先端を重ね、外側に向けて Alt キーを押しながらドラッグします。ドラッグした側の線幅が太くなります。

[*1] CC タッチ対応のデバイスは、線を軽くタッチすると菱形のハンドルが表示されます。

047

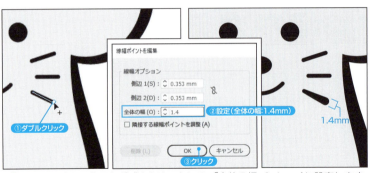

5 線幅を変える位置をダブルクリックして、「全体の幅：1.4mm」に設定します。

6 残りのヒゲも「線幅ポイントを編集」ダイアログボックスで同じ太さの線幅に設定します。

7 口のパスを選択して、「線」パネルで「線幅：5pt」「プロファイル：線幅プロファイル1」に設定します。

8 シッポのパスを選択して、「線」パネルで「線幅：12pt」「プロファイル：線幅プロファイル4」に設定します。

P 線幅ツール をショートカットで選択するには、英字入力モードで Shift + W キーを押します。

P プロファイルの横にあるボタンで線の太さを反転できます。

P 基本線、アートブラシ、パターンブラシを線幅ツール で編集できます。カリグラフィブラシ、散布ブラシ、絵筆ブラシは編集できません。

## 可変線幅プロファイルを保存・適用する

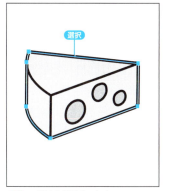

❶ 線幅を変えたパスを選択します。

❷ 「線」パネルの「プロファイルに追加」ボタン をクリックして、プロファイル名を設定します。

❸ パスを選択します。

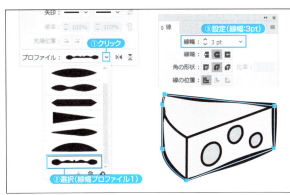
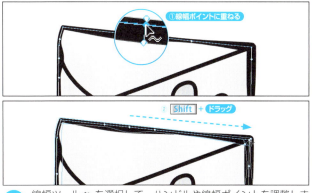

❹ 「線」パネルのプロファイルリストから「線幅プロファイル1」を選択して、「線幅：6pt」に設定します。

❺ 線幅ツール を選択して、ハンドルや線幅ポイントを調整します。Shiftキーを押しながら線幅ポイントをドラッグすると、複数の線幅ポイントが移動します。

 線幅ツール のショートカットキー操作一覧

| ハンドルを片方だけ移動する | Altキーを押しながらハンドルをドラッグ |
| --- | --- |
| 線幅ポイントをコピーする | Altキーを押しながら線幅ポイントをドラッグ |
| 複数の線幅ポイントを移動する | Shiftキーを押しながら線幅ポイントをドラッグ（Shift＋Altキーを押すとコピーして移動します） |
| 複数の線幅ポイントを選択する | Shiftキーを押しながら線幅ポイントをクリック |
| 選択した線幅ポイントを削除する | Deleteキーを押す |
| 選択した線幅ポイントを解除する | Escキーを押す |

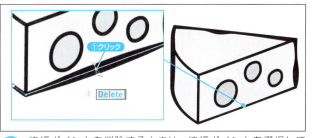

❻ 線幅ポイントを削除するときは、線幅ポイントを選択してDeleteキーを押します。

## 2-6 絵筆ブラシで描く

絵筆ブラシは、筆の毛足をシミュレートしたリアルな水彩画タッチの線を描くことができます。ペイント系ソフトで描いたような仕上がりになるので、Illustratorで描いたように見えません。

ただし絵筆ブラシの透明なオブジェクトを重ね過ぎると、パフォーマンスの低下や保存できなくなる可能性があります。30回以上の絵筆ブラシパスを使用したら、イラストをラスタライズしましょう。

### 絵筆ブラシで水彩タッチの絵を描く

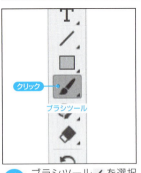
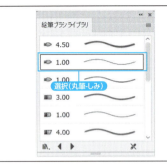

① ブラシツール を選択します。

② ［ウィンドウ→ブラシライブラリ→絵筆ブラシ→絵筆ブラシライブラリ］を選択して、絵筆ブラシを選択します。

③ 「カラー」パネルのカラーバーをクリックして、スポイトの先端にある色をブラシに設定します。

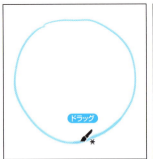

④ ドラッグして描画します。広い範囲を塗るときはブラシサイズを太くします。ディテールを描くときは、ブラシサイズを細くします。

> 絵筆ブラシは6D（筆圧、方位、360度の回転角度に反応）ペンタブレットに対応しています。

> ブラシサイズは [ キーを押すと細くなり、] キーを押すと太くなります。不透明度は数字キーで設定できます。例えば、0 キーを押すと100%、1 キーを押すと10%、9 キーを押すと90%の不透明度になります。

# Column

イラストにたくさんの絵筆ブラシを使用した場合、絵筆ブラシパスをラスタライズしてデータを簡素化しましょう。ただし、ラスタライズすると絵筆ブラシパスの再編集ができないので、ラスタライズ前にオリジナルの複製データを保存します。
背景を「透明」にしてラスタライズすれば、背面にも描画できます。

**1** イラストが複雑になったら、いったん描画を止めて［ファイル→複製を保存］（ Alt + Ctrl + S ）を選択します。

**2** ラスタライズ前のデータを複製保存します。

**3** 絵筆ブラシパスで描いたイラストを選択して、［オブジェクト→ラスタライズ］を選択します。

**4** 使用目的に合わせた解像度を指定して、背景を「透明」に設定します。

**5** 背景が透明なので、ラスタライズしたイラストの後ろにも描画できます。

 P02Sec06_02.ai

PART02 ▶ P02Task03.ai

# 課題③ フリーハンドの練習

ブラシを使って「こけし」の模様を描いてください。

☐ 思い通りの線を描画できるか？ → 下絵と同じ線を描くのは難しいので、ズレても気にせず自由に描いてください。
☐ スムーズな線が描けるか？ → ツールオプションの精度を調整します。

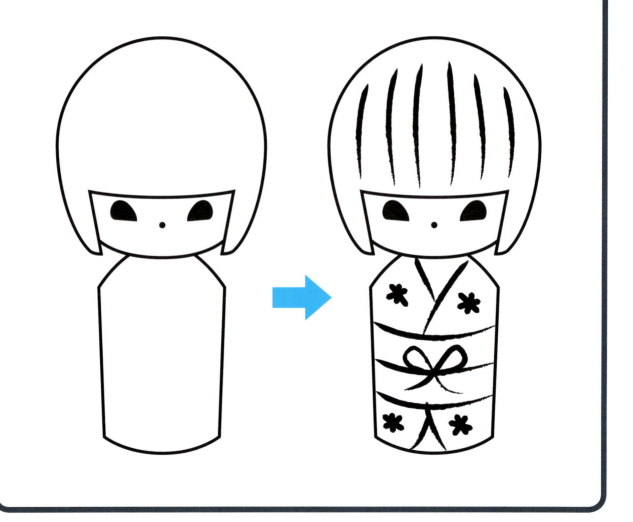

PART02 ▶ P02Sec07_01.ai

# 2-7 図形を描く

長方形、楕円、多角形、星形、らせん、直線、曲線等を描くツールは、ドラッグやクリックの簡単操作ですばやく図形を描画できます。

**ドラッグで描く**
描画中のプレビューを見ながら、目的のサイズになるまでドラッグします。図形のプロパティはドラッグ中にショートカットキーを押して変更できます。

**数値入力で描く**
図形を作成する位置でクリックします。ダイアログボックスが開いたら、図形のプロパティを設定します。

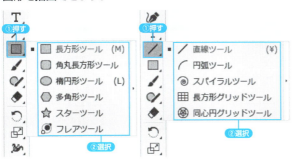

## 長方形を描く

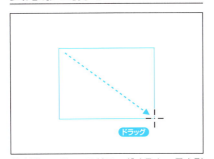

長方形ツール ■ でドラッグすると、長方形が描画できます。

## 正方形を描く

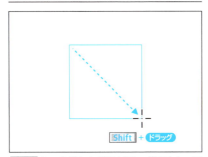

Shift キーを押しながらドラッグすると、正方形が描画できます。

## 中心から長方形を描く

Alt キーを押しながらドラッグすると、中心から描画できます。

**P** 長方形ツール ■ をショートカットで選択するには、英字入力モードで M キーを押します。

**P** Alt キーと Shift キーを同時に押しながらドラッグすると、中心から正方形が描画できます。

**P** 長方形ツール ■ 、角丸長方形ツール ■ 、楕円形ツール ○ で描画した図形*1には、パスオブジェクト全体の中心を示す点 ■ (×)*2 を表示する設定になっています。この中心点は他のパスのアンカーポイントやガイドにスナップするので、レイアウトの基準に役立ちます。また、ダイレクト選択ツール ▷ で中心点をクリックすると、パス全部のアンカーポイントを選択できます。

CC2015以降のライブシェイプの場合、描画直後の表示や選択ツール ▶ で選択すると、「属性」パネルで設定する中心点 ■ とは異なる中心点ウィジェット ● が図形の中心に表示されます。中心点ウィジェット ● は、コーナーウイジェットを隠す設定のときでも、クリックして一時的にコーナーウイジェットを表示できます。

中心点と基準点の中心は同じ位置です。

*1:ペンツールなどで描いたパスにも「属性」パネルで中心点を表示する設定ができます。
*2:プレビュー表示のときは四角形、アウトライン表示のときは×印になります。

## 角丸長方形を描く

## 数値入力で長方形を描く

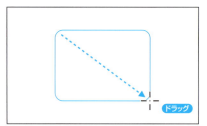

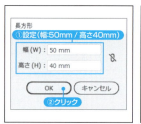

角丸長方形ツール ■ でドラッグすると、角が丸い長方形が描画できます。

⭐ 角丸長方形ツール ■ のドラッグ中に ↑ キーを押すと角の丸みが1pt大きく、↓ キーを押すと1pt小さくなります。

① 長方形ツール ■ でクリックします。

② オプションダイアログボックスでサイズを指定します。角丸長方形ツール ■ でクリックした場合は、「角丸の半径」の値も設定します。

⭐ クリックした位置が長方形の左上になります。Alt キーを押しながらクリックすると、その位置が長方形の中心になります。

## 楕円形を描く

## 正円を描く

## 中心から楕円形を描く

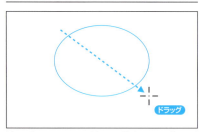

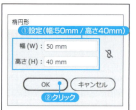
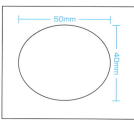

楕円形ツール ● でドラッグすると、楕円形が描画できます。

⭐ 楕円形ツール ● をショートカットで選択するには、英字入力モードで L キーを押します。

Shift キーを押しながらドラッグすると、正円が描画できます。

Alt キーを押しながらドラッグすると、中心から描画できます。

⭐ Alt キーと Shift キーを同時に押しながらドラッグすると、中心から正円が描画できます。

## 対角線をドラッグして描く

## 数値入力で楕円形を描く

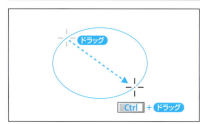

ドラッグ中に Ctrl キーを押すと、ドラッグの始点と終点を通過する楕円になります。

① 楕円形ツール ● でクリックします。

② オプションダイアログボックスでサイズを設定します。

⭐ クリックした位置が楕円形の左上になります。Alt キーを押しながらクリックすると、その位置が楕円形の中心になります。

⭐ 縦横比を固定 🔒 をオンにすると、現在の幅と高さの比率を固定します。

## 多角形を描く

## 数値入力で多角形を描く

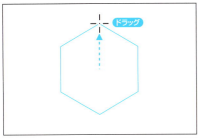

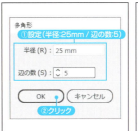

多角形ツール ◎ でドラッグすると、多角形が描画できます。

① 多角形ツール ◎ でクリックします。

② オプションダイアログボックスでサイズと辺の数（3～1000）を設定します。

 ドラッグ中に各キーを併用すると、設定を変えながら描画できます。

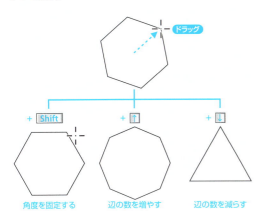

 描画中に スペース キーを押すと、パスが移動します。 スペース キーを放すと描画に戻ります。描画中に図形の位置を調整できる便利なショートカットキーです。

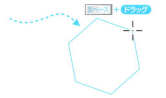

 多角形ツール ◎ で描画した図形に「属性」パネルの「中心を表示」を設定しても、辺の数や描画角度によっては、クリックあるいはドラッグを開始した位置と一致しない場合があります。
CC2015以降の多角形ツール ◎ で描画したライブシェイプに表示される中心点ウィジェット ● は、クリックあるいはドラッグを開始した位置に表示されます。
ライブシェイプの場合、選択ツール ▶ で選択したときに表示されるのが中心点ウィジェット ● で、ダイレクト選択ツール ▷ で選択したときに、「属性」パネルで設定した中心点 ■ が表示されます。

 フレアツール はレンズや太陽の閃光に似た効果を作成します。写真の上に作成しても違和感ないリアルな表現ができます。
フレアは2回のドラッグで作成します。
最初のドラッグで光輪と光線のサイズを指定します。ドラッグ中に矢印キーを押すと、光線の数が増減します。
2回目のドラッグは、リングの中心位置を指定します。数値指定で作成するときは、クリックしてダイアログボックスを開きます。
作成したフレアに［オブジェクト→分割・拡張］を適用すると、通常のパスオブジェクトとして編集できます。

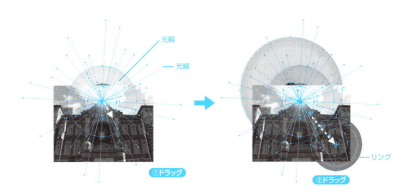

055

## 星形を描く

スターツール ☆ でドラッグすると、星形が描画できます。

## 数値入力で星形を描く

① スターツール ☆ でクリックします。

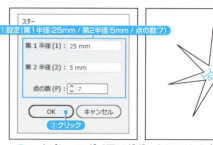

② オプションダイアログボックスでサイズと点の数（3〜1000）を設定します。

> ドラッグ中に各キーを併用すると、設定を変えながら描画できます。

> スターツール ☆ で描画した図形の中心点は、辺の数や描画角度により、クリックあるいはドラッグを開始した位置と一致しない場合があります。

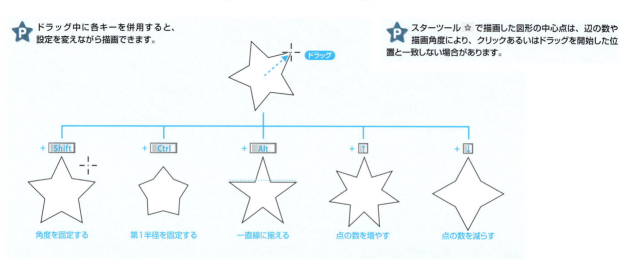

> 長方形グリッドツール ⊞ は、指定したサイズと分割線を持つ長方形のグリッドを作成します。グラフの基準線等に活用できます。ドラッグ中に以下のショートカットキー操作で設定を変更できます。

| | |
|---|---|
| グリッドを正方形にする | Shift キーを押しながらドラッグ |
| グリッドの中心から作成する | Alt キーを押しながらドラッグ |
| 水平方向の分割数（0〜999）を増減する | ↑キーを押すと増える<br>↓キーを押すと減る |
| 垂直方向の分割数（0〜999）を変更する | ←キーを押すと増える<br>→キーを押すと減る |
| 水平分割線の分布度（−500〜500%）を変更する | Vキーを押すと10%増える<br>Fキーを押すと10%減る |
| 垂直分割線の分布度（−500〜500%）を変更する | Cキーを押すと10%増える<br>Xキーを押すと10%減る |

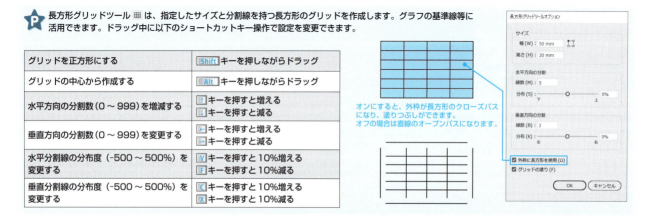

## らせんを描く

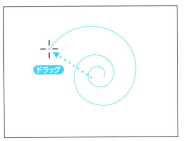

スパイラルツール ◎ でドラッグすると、らせんが描画できます。

## 数値入力でらせんを描く

① スパイラルツール ◎ でクリックします。

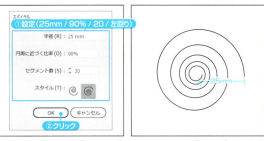

② オプションダイアログボックスでサイズやセグメント数（2〜1000）、回転方向を設定します。

 ドラッグ中に各キーを併用すると、設定を変えながら描画できます。

 円周に近づく比率を100以上（150%まで）に設定すると、半径の距離から、らせんが始まります。

 オプションダイアログボックスには、最後に作成した図形の設定が残ります。続けてダイアログボックスを開けば、同じ図形を作成できます。

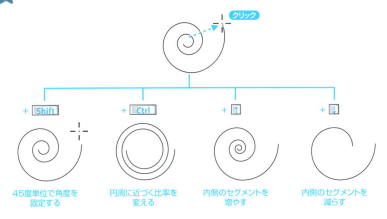

| +Shift | +Ctrl | +↑ | +↓ |
|---|---|---|---|
| 45度単位で角度を固定する | 円周に近づく比率を変える | 内側のセグメントを増やす | 内側のセグメントを減らす |

 同心円グリッドツール ◎ は、指定したサイズと分割線を持つ同心円のグリッドを作成します。レーダーチャートの基準線等に活用できます。ドラッグ中に以下のショートカットキー操作で設定を変更できます。

| グリッドを正円にする | Shift キーを押しながらドラッグ |
|---|---|
| グリッドの中心から作成する | Alt キーを押しながらドラッグ |
| 同心円の分割数（0〜999）を増減する | ↑ キーを押すと増える<br>↓ キーを押すと減る |
| 放射状の分割数（0〜999）を変更する | ← キーを押すと増える<br>→ キーを押すと減る |
| 同心円分割線の分布度（-500〜500%）を変更する | V キーを押すと10%増える<br>F キーを押すと10%減る |
| 放射状分割線の分布度（-500〜500%）を変更する | C キーを押すと10%増える<br>X キーを押すと10%減る |

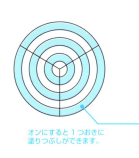

オンにすると1つおきに塗りつぶしができます。

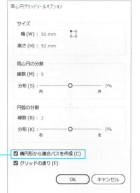

## 数値入力で直線を描く

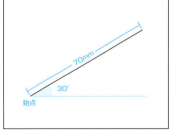

① 直線ツール / で始点をクリックします。
② オプションダイアログボックスで長さと角度を設定します。

> ドラッグでも直線を描画できます。

> 図形を描くとき、スマートガイドをオンにすると、長さや角度などがヒント表示されます。

> 直線ツール / をショートカットで選択するには、英字入力モードで￥キーを押します。「｜」(縦線)のキーから直線を連想できる覚えやすいショートカットです。

## 数値入力で曲線を描く

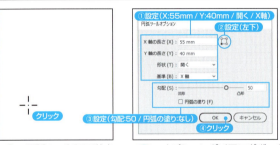
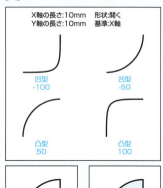

① 円弧ツール ⌒ で始点をクリックします。
② オプションダイアログボックスでプロパティを設定します。

> ドラッグでも曲線を描画できます。ドラッグ中に上下の矢印キーを押すと勾配が変化します。

> オプションの設定例
> X軸の長さ:10mm　形状:開く
> Y軸の長さ:10mm　基準:X軸

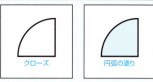

## 設定してから曲線を描く

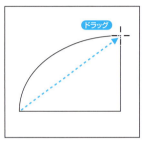

① 円弧ツール ⌒ ボタンをダブルクリックしてオプションダイアログボックスを開き、「形状：クローズ」に設定します。
② ドラッグで作成します。

> 直線ツール / 、円弧ツール ⌒ 、長方形グリッドツール、同心円グリッドツール、フレアツールはショートカットキーで変更できない設定があります。
> ツールボタンをダブルクリックするとオプションダイアログボックスが開くので、設定を変更してからドラッグしてください。

# 2-8 ライブシェイプ

ライブシェイプとして描いた図形は、「変形」パネルを使って再編集できます。CC2014は、長方形ツール ■ と角丸長方形ツール ■ で作成した図形のみ。

CC2015 以降は、楕円形ツール ◎ 、多角形ツール ◎ 、直線ツール ／ 、Shaperツール ✓ で描いた図形もライブシェイプとして再編集できます。

※ v.17 は非対応です。

## 「変形」パネルで図形を再編集する（CC2014〜CC2018）

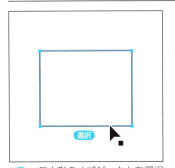

① 長方形のオブジェクトを選択します。

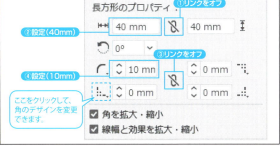

② 「変形」パネルの長方形のプロパティを設定すると、リアルタイムに図形の形が更新されます。
※ CC2015 以降は、楕円、多角形、直線の図形も「変形」パネルで再編集できます。

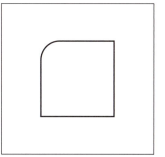

## Shaperツールで図形を描く（CC2015〜CC2018）

① Shaperツール ✓ を選択します。

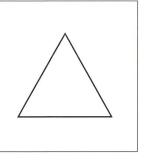

② ドラッグすると、その形と大きさに近い図形になります。描画した図形は「変形」パネルで再編集できます。

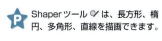

Shaperツール ✓ は、長方形、楕円、多角形、直線を描画できます。

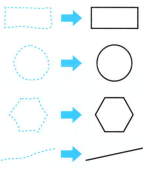

Shaperツール ✓ は、図形の合成もできます。160ページのポイントも参照してください。

PART02 ▶ P02Task04.ai

# 図形の練習

## 課題 ④

図形ツールを使ってイラストを描いてください。

- ☐ 図形のプロパティを変更しながら作成できるか？ → ドラッグしながらショートカットキーを押します。
- ☐ 設定してから描画できるか？ → 描画前にツールボタンをダブルクリックして、オプションダイアログボックスを開きます。
- ☐ 同じ図形を描画できるか？ → 最後に作成した図形の設定でオプションダイアログボックスが開きます。

# PART3
## 移動と調整

# 3-1 オブジェクトの移動

## ドラッグで移動する

オブジェクトを選択して移動します。ドラッグで感覚的に動かしたり、数値指定で正確に動かすことができます。
オブジェクトの位置は、横と縦の定規を基準に座標でコントロールできます。

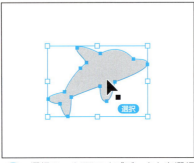

① 選択ツール ▶ でオブジェクトを選択します。

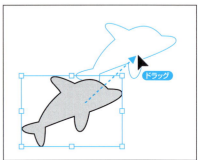

② ドラッグで移動します。マウスボタンを放すと位置が確定します。

P 塗りのないパスは、アウトラインにポインタを重ねて選択・移動します。

P [Alt] キーを押しながらドラッグすると、オブジェクトのコピーが移動します。

P スマートガイド（[Ctrl]＋[U]）が有効なときは、オブジェクトのドラッグ中にポインタ先端の座標を表示します。

P [Shift] キーを押しながらドラッグすると、移動方向が45度単位に固定されます。

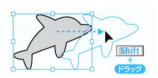

## 数値入力で移動する

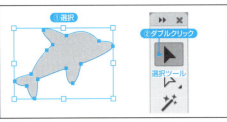

① オブジェクトを選択して、選択ツール ▶ ボタンをダブルクリックします。

P 他にも以下の操作で「移動」ダイアログボックスが開きます。
- 選択ツール*2 でオブジェクトを選択してから [Enter] キー押す。
- オブジェクトを選択してダイレクト選択ツール ▷ ボタンをダブルクリックする。
- オブジェクトを選択して [オブジェクト→変形→移動]（[Shift]＋[Ctrl]＋[M]）を選択する。

**位置**
水平方向：→方向が正の値
　　　　　←方向が負の値
垂直方向：↑方向が負の値
　　　　　↓方向が正の値
移動距離：移動前後の直線距離
角度：反時計回りが正の値

**オプション**[*1]
オブジェクト：パスやテキストが移動します
パターン：パターンが移動します

② 「移動」ダイアログボックスの値を設定します。「プレビュー」をオンにして、結果を確認してから「OK」ボタンをクリックします。

\*1：塗りや線にパターンを使用していると設定できます。
\*2：ダイレクト選択ツールでも有効です。

📁 PART03 ▶ 📄 P03Sec01_01.ai

## 「変形」パネルで移動する

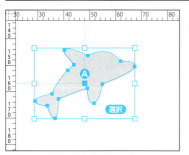

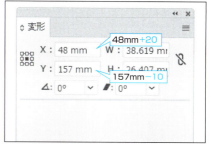

① オブジェクトを選択します。「変形」パネル（Shift + F8）に現在の座標が表示されます。Ⓐはバウンディングボックスのどの位置で座標を測るかを示しています（クリックで位置を変更できます）。

P [表示→定規→定規を表示]（Ctrl + R）を選択すると、ドキュメントウィンドウの上と左に定規が表示されます。定規には、アートボードごとに原点を設定したアートボード定規と、ドキュメント全体で1つの原点を設定したウィンドウ定規があります。表示している定規の種類で座標値が変わる場合があります*1。

P 定規の原点は、定規が交差する角をドラッグして、マウスボタンを放した位置に変更できます。初期設定の位置に戻すときは、角をダブルクリックします。

② 現在の座標（X,Y）の後ろに、移動したい距離分を「＋」や「－」をつけて入力します。

X：→方向が正の値　Y：↑方向が負の値

P Illustratorの数値入力ボックスで四則演算子（＋，－，\*，／：半角モード）ができます。

P バウンディングボックスは、選択ツール ▶ でオブジェクトを選択したときに表示されます。非表示*2でも座標を確認できます。

## 矢印キーで移動する

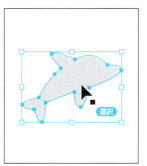
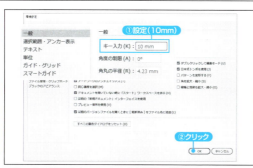
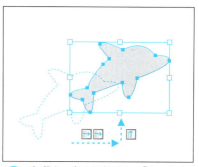

① オブジェクトを選択します。

② 「環境設定」の［一般］（Ctrl + K）ダイアログボックスを開き、「キー入力」に移動距離を設定します。

③ 矢印キーを1回押すと、「キー入力」に設定した距離分移動します。

P 矢印キーの移動をショートカットキーで覚えておくと便利です。

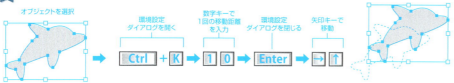

P Alt キーを押しながら矢印キーを押すと、オブジェクトのコピーが移動します。

P Shift キーを押しながら矢印キーを押すと、設定した値の10倍移動します。

\*1：サンプルファイルは、最初にアートボード定規を表示するように設定しています。［表示→定規→アートボード定規に変更］を選択しても、同じ位置に原点を設定した1つだけのアートボードなので、選択したオブジェクトの座標値は変わりません。

\*2：［表示→バウンディングボックスを隠す］（Shift+Ctrl+B）を選択すると、選択ツールのバウンディングボックスが非表示になります。

063

# 3-2 アンカーポイントとセグメントの移動

ダイレクト選択ツール ▷ でアンカーポイントとセグメントを選択して、ドラッグで移動します。
アンカーポイントを選択するときは、ダイレクト選択ツール ▷ をパスのアウトラインに重ねて、ポインタの右下に小さい点の付いた白抜き四角が表示される位置でクリックします。選択したアンカーポイントは塗りつぶしの四角形（■）、未選択は白抜きの四角形（□）で表示されます。セグメントを選択するときは、アンカーポイントのないアウトライン上をクリックします。セグメントは選択しても未選択でも表示は変わりません。

## コーナーポイントを移動する

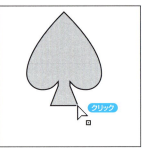

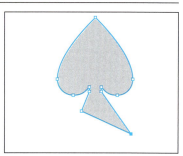

① ダイレクト選択ツール ▷ でコーナーポイントを選択します。

② 選択したアンカーポイントをドラッグします。

③ マウスボタンを放すと、コーナーポイントの位置が確定します。

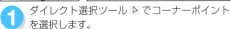

P ダイレクト選択ツール ▷ をショートカットで選択するには、英字入力モードで A キーを押します。

P Shift キーを押しながらドラッグすると、移動方向を45度単位に固定します。

P 選択したアンカーポイントは、「変形」パネルや矢印キーを使って移動できます。

## スムーズポイントを移動する

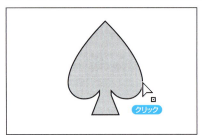
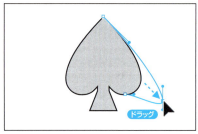
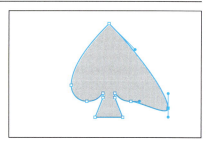

① ダイレクト選択ツール ▷ でスムーズポイントを選択します。

② 選択したアンカーポイントをドラッグします。

③ マウスボタンを放すと、スムーズポイントの位置が確定します。

## 直線セグメントを移動する

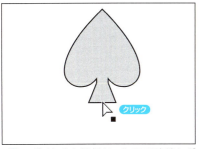
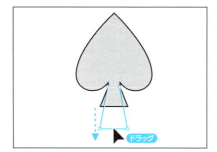
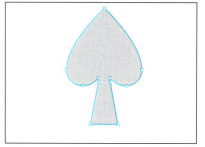

① ダイレクト選択ツール ▷ で直線セグメントを選択します。

② 選択したセグメントをドラッグします。

③ マウスボタンを放すと、直線セグメントの位置が確定します。

## 曲線セグメントを移動する（CC）

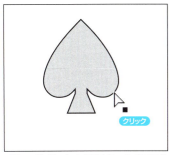
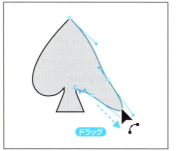

① ダイレクト選択ツール ▷ で曲線セグメントを選択します。

② ドラッグした方向にセグメントが曲がります[*1]。

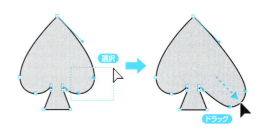

P 曲線セグメントをドラッグしても、直線セグメントのようには移動しません。
曲線セグメントの形を変えずに移動するときは、両端のアンカーポイントを選択してドラッグします。

## 曲線セグメントを移動する（CS6）

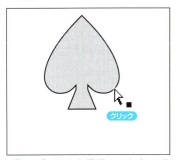
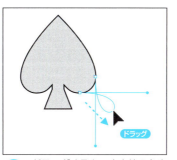

① ダイレクト選択ツール ▷ で曲線セグメントを選択します。

② ドラッグすると、方向線の角度を固定したまま方向線が伸縮するため、曲線がねじれます。

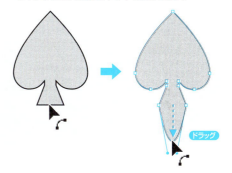

P CCのアンカーポイントツール ▷ で直線セグメントをドラッグすると、曲線セグメントに変わります。

*1: CC2014 以降は「環境設定」にある［選択範囲・アンカー表示］の「セグメントをドラッグして固定パスをリシェイプ」をオンにすると、CS6 と同じ動作になります。

065

📁 PART03 ▶ 📄 P03Task05.ai

## 移動の練習

### 魚を右向きにしてください。

☐ パスを移動できるか？ → 選択ツール ▶ でパスをドラッグします。

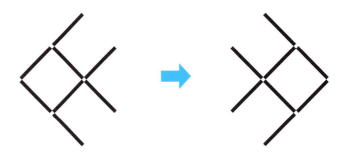

### 骨を長くしてください。

☐ アンカーポイントを移動できるか？ → ダイレクト選択ツール ▷ でアンカーポイントをドラッグします。

### 汽車だけ右に70mm移動してください。

☐ 数値を指定して移動できるか？ → 「移動」ダイアログボックス、「変形」パネル、矢印キーなどで操作します。

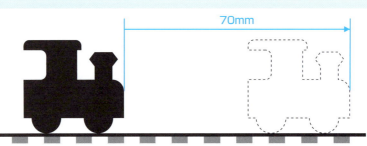

## ③ パスの調整

PART03 ▶ P03Sec03_01.ai

描画したパスを調整します。アンカーポイントを追加、削除、連結、切り換えるためのツールやコマンドの使い方を覚えましょう。
CC は、ライブコーナー機能を使ってコーナーポイントを角丸、反転、面取りすることができます。

### アンカーポイントを追加する

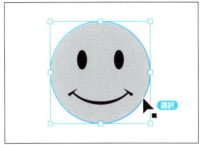
① パスを選択します。

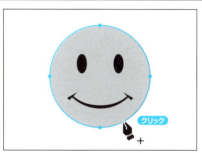
② ペンツール を選択して、セグメントの上をクリックします。

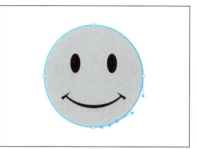
③ クリックした位置にアンカーポイントを追加しても、形状は変わりません。

P 「環境設定」の［一般］（ Ctrl + K ）にある「自動追加/削除しない」をオンにした場合、アンカーポイントの追加ツール を使用します。

### アンカーポイントを自動追加する

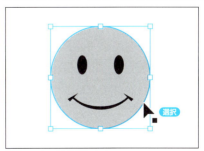
① パスを選択します。

② ［オブジェクト→パス→アンカーポイントの追加］を選択します。

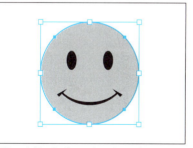
③ 全部のセグメントの中間に新しいアンカーポイントを追加します。

 曲線セグメントはスムーズポイント、直線セグメントはコーナーポイントが追加されます。

## アンカーポイントを削除する

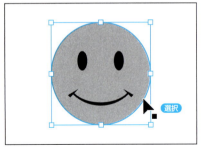
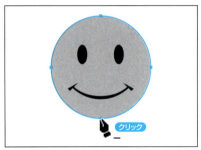
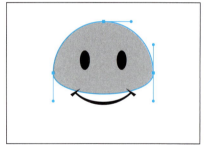

① パスを選択します。

② ペンツール を選択して、アンカーポイントをクリックします。

③ アンカーポイントが消えて、前後のアンカーポイントを連結します。

P 「環境設定」の[一般]にある「自動追加/削除しない」をオンにした場合、アンカーポイントの削除ツール を使用します。

P オープンパスの端のアンカーポイントをクリックしても削除できません。

## アンカーポイントを消去する

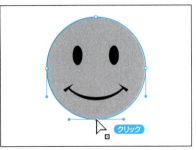

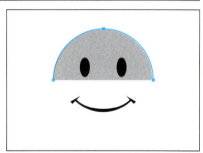

① ダイレクト選択ツール で削除したいアンカーポイントを選択します。

② [編集→消去]を選択するか、Deleteキーを押します。

③ 選択したアンカーポイントと、連結していたセグメントが消えます。

P ダイレクト選択ツール でアンカーポイントをクリックすると、選択したアンカーポイントと、連結しているセグメントが選択範囲に含まれます。

消去したとき、どこにも連結していない孤立したアンカーポイントが残っていたら削除してください。

孤立した余分なアンカーポイントは、[選択→オブジェクト→余分なポイント]で選択したり、[オブジェクト→パス→パスの削除]で余分なポイントをまとめて消すことができます(070ページ参照)。

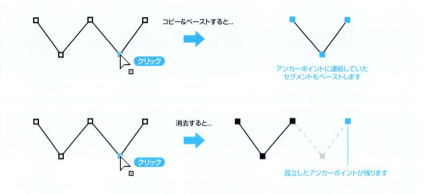

## 複数のアンカーポイントを消去する

 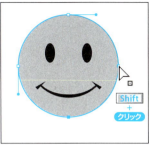  

① ダイレクト選択ツール ▷ で削除したいアンカーポイントを選択します。追加で選択するアンカーポイントは Shift キーを押しながらクリックします。

② ［編集→消去］を選択するか、Delete キーを押します。

③ 複数のアンカーポイントと、連結していたセグメントが消えます。

## セグメントを消去する

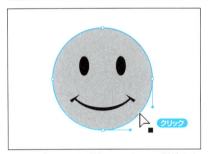  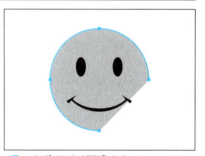

① ダイレクト選択ツール ▷ で削除したいセグメントをクリックします。

② ［編集→消去］を選択するか、Delete キーを押します。

③ セグメントが消えます。

## 複数のセグメントを消去する

① ダイレクト選択ツール ▷ で削除したいセグメントを選択します。追加で選択するセグメントは Shift キーを押しながらクリックします。

② ［編集→消去］を選択するか、Delete キーを押します。

③ 複数のセグメントが消えます。

ダイレクト選択ツール でセグメントをクリックした場合、連結しているアンカーポイントは選択範囲に含まれません。どこにも連結していない孤立したアンカーポイントが残っていたら削除してください。

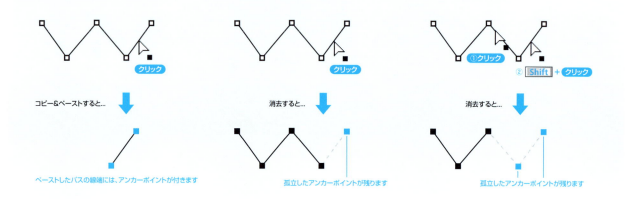

## 不要なパスを削除する

このイラストのまわりには、完成イメージに関係ない不要なオブジェクトがあります。アウトライン表示ではオブジェクトが見えますが、プレビュー表示のときは、選択しないと見えません。

❶ ［オブジェクト→パス→パスの削除］を選択します。

❸ 不要なパスが消えます。

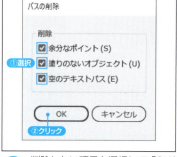

❷ 削除したい項目を選択して「OK」ボタンをクリックします。

## 直線で連結する

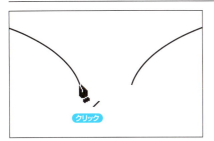

① 連結したい片方の線端にペンツール ◆ のポインタを重ねて、✐付きのポインタに変わったらクリックします。

② 連結先のアンカーポイントにポインタを重ねて、⊡付きのポインタに変わったらクリックして連結します。

## 曲線で連結する

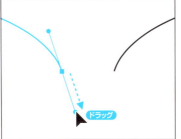

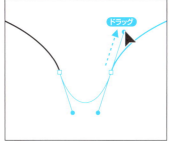

① 連結したい片方の線端にペンツール ◆ のポインタを重ねて、✐付きのポインタに変わったらドラッグします。

② 連結先のアンカーポイントにポインタを重ねて、⊡付きのポインタに変わったらドラッグして連結します。

> P [Alt] キーを押しながらドラッグすると、描画する曲線セグメントの方向線だけを動かして連結できます。

## コーナーポイントで連結する

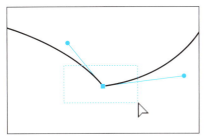

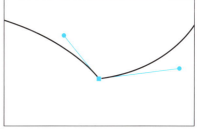

① ダイレクト選択ツール ▷ で同じ位置で重なった2つの線端をマーキー選択します。

② ［オブジェクト→パス→連結］（[Ctrl]+[J]）を選択すると、選択したアンカーポイントの方向線の向きを変えずに連結します。1つになったアンカーポイントはコーナーポイントになります。

## スムーズポイントで連結する

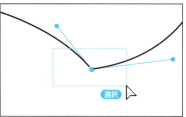
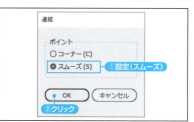
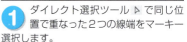

① ダイレクト選択ツール ▷ で同じ位置で重なった2つの線端をマーキー選択します。

② [Alt]+[Shift]+[Ctrl]+[J]キーを押すと「連結」ダイアログボックスが開くので、「スムーズ」に設定します。

📍 両方の線端に方向線がついていないと、スムーズの連結はできません。

📍 前面にある方向線の角度に合わせて連結します。1本のパス（オープンパス）の場合は、終点の方向線の角度に合わせて連結します。

## コーナーからスムーズポイントに切り換える

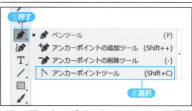
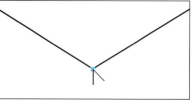
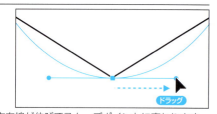
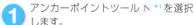

① アンカーポイントツール ▷ *1 を選択します。

② コーナーポイントをドラッグすると、方向線が伸びてスムーズポイントに変わります。

📍 アンカーポイントツール ▷ で方向線を伸ばす場合、パスの描画方向にドラッグします。反対方向にドラッグすると、パスがねじれてしまいます。

## スムーズからコーナーポイントに切り換える

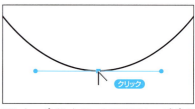
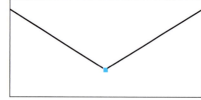
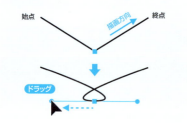

アンカーポイントツール ▷ でスムーズポイントをクリックすると、方向線の無いコーナーポイントに変わります。

📍 「コントロール」パネルまたは「プロパティ」パネル（CC2018）には、選択したポイントをコーナーポイントやスムーズポイントに切り換えるボタンがあります。コーナーポイントからスムーズポイントに切り換える場合、方向線の長さはセグメントの長さに応じて変わります。

＊1：CS6 アンカーポイントの切り換えツールを選択します。

## 方向線を調整する

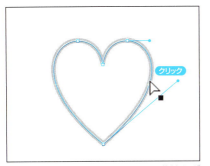
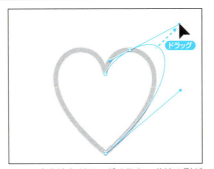
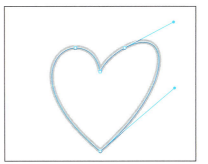

① ダイレクト選択ツール ▷ で曲線セグメントをクリックして、方向線を表示します。

② 方向線をドラッグすると、曲線の形が変わります。

③ マウスボタンを放すと、方向線が確定します。

## スムーズポイントの片方だけ方向線を調整する

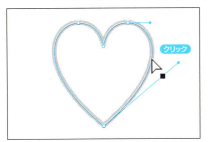
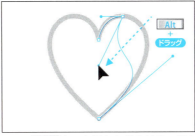

① ダイレクト選択ツール ▷ で曲線セグメントをクリックして、方向線を表示します。

② Alt キーを押しながらドラッグすると、反対側の方向線を固定したままコーナーポイントに変わります。

③ マウスボタンを先に放してから、Alt キーを放します。

> CCは、ダイレクト選択ツール ▷ を選択した曲線セグメントに重ねると、アンカーポイントツール ▷ をセグメントに重ねたときと同じセグメントリシェイプ ▷ に切り換わります。ドラッグすると、セグメントが引っ張られるように変形します。直線セグメントのときは切り換わりません。

> ペンツール ✎ を使用しているときに Alt キーを押すと、一時的にアンカーポイントツール ▷ に切り換わります。
> CCのアンカーポイントツール ▷ は、曲線セグメントと直線セグメントの上に重ねると、セグメントリシェイプ ▷ に切り換わります。

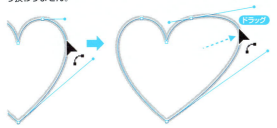
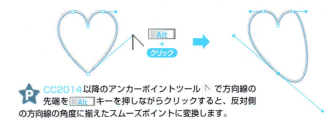

> CC2014以降のアンカーポイントツール ▷ で方向線の先端を Alt キーを押しながらクリックすると、反対側の方向線の角度に揃えたスムーズポイントに変換します。

## はさみツールでパスを切断する

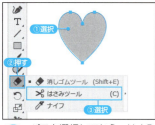

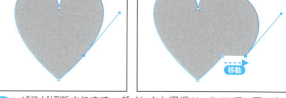

1. パスを選択してから、はさみツール ✂ を選択します。
2. パスの上をクリックします。
3. パスが切断されます。ダイレクト選択ツール ▷ で、アンカーポイントを移動してみましょう。

## ナイフツールでパスを切断する

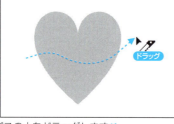

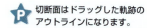

1. ナイフツール 🔪 を選択して、パスの上をドラッグします*1。

   P Alt キーを押しながらドラッグすると、切断面が直線になります。このとき Shift キーも同時に押すと、直線の角度を45度単位に固定します。

2. パスが分割されます。選択ツール ▶ で、パスを移動してみましょう。

   P 切断面はドラッグした軌跡のアウトラインになります。

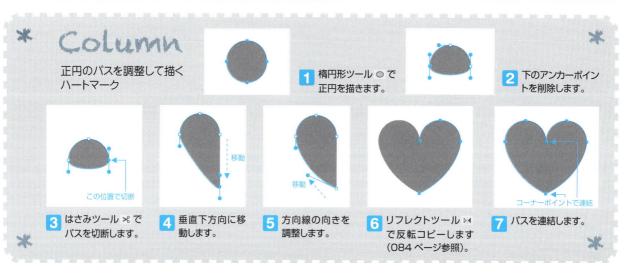

**Column　正円のパスを調整して描くハートマーク**

1. 楕円形ツール ○ で正円を描きます。
2. 下のアンカーポイントを削除します。
3. はさみツール ✂ でパスを切断します。
4. 垂直下方向に移動します。
5. 方向線の向きを調整します。
6. リフレクトツールで反転コピーします（084ページ参照）。
7. パスを連結します。

*1：パスが未選択でも切断できます。選択した場合、選択したパスだけ切断します。

## アンカーポイントを揃える

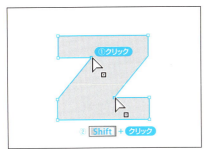

① ダイレクト選択ツール ▷ で複数のアンカーポイントを選択します。

② ［オブジェクト→パス→平均］（Alt + Ctrl + J）を選択します。

③ 「平均の方法」を設定して「OK」ボタンをクリックします。

P 初期設定では、オブジェクトの塗りの上からマーキー選択しようとすると、オブジェクトが移動してしまいます。

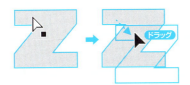

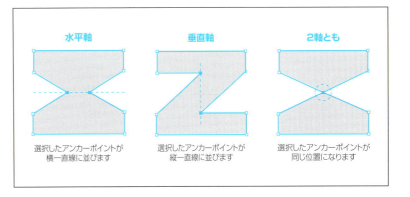

選択したアンカーポイントが横一直線に並びます

選択したアンカーポイントが縦一直線に並びます

選択したアンカーポイントが同じ位置になります

「環境設定」の［選択範囲・アンカー表示］にある「オブジェクトの選択範囲をパスに制限」をオンにすると、塗りの上からのマーキー選択や、塗りに隠れたオブジェクトがクリックで選択できます。

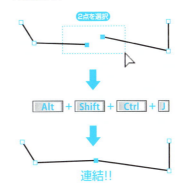

P 2つの線端を「2軸とも」で揃えて連結するショートカットキー*1 を覚えておくと便利です。

P 複数のパスのアンカーポイントに対しても適用できます。

P 「整列」パネルでも選択したアンカーポイント同士を揃えることができます（163ページ参照）。

*1：同じ位置にあるアンカーポイントを「スムーズ」で連結するショートカットキーと同じです（072ページ参照）。アンカーポイントの位置が離れている場合、「連結」ダイアログボックスは表示せずに、「2軸とも」で揃えてコーナーポイントで連結します。

## ライブコーナーで角を変更する（CC）

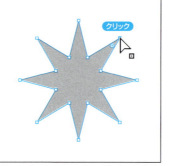

① ［表示→コーナーウィジェットを表示］*1 を選択して、ライブコーナー機能を有効にします。

② ダイレクト選択ツール でコーナーポイントをクリックすると、コーナーの内側にコーナーウィジェット が表示されます。

③ Shift キーを押しながらクリックして、複数のコーナーを選択します。
※選択する順番は関係ありません。

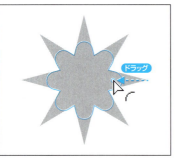

④ コーナーウィジェット を図形の中心方向にドラッグします。
※選択した複数のコーナーが同時に変形します。

⑤ マウスボタンを押したまま上下の矢印キーを押すと、コーナーの形状が変わります。

P 例えば、なげなわツール でアンカーポイントを選択してから、ダイレクト選択ツール に切り換えても、コーナーウィジェットを表示できます。

P コーナーウィジェットを限界までドラッグすると、コーナーの表示が赤くなります。

選択したアンカーポイントや方向線がコーナーウィジェットの下に隠れて操作できない場合もあります。必要に応じてコーナーウィジェットの表示・非表示を切り換えてください。［表示→コーナーウィジェットを隠す］を選択すると、コーナーの角度に関係なくすべてのコーナーウィジェットが非表示になります。

コーナーが密集した部分を選択すると、ウィジェットの表示が邪魔でアンカーポイントが操作できません。

*1：ライブコーナー機能が有効なときは、［コーナーウィジェットを隠す］が表示されます。

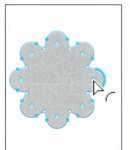
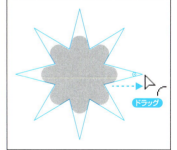

❻ マウスボタンを放すと、コーナーの形状が確定します。

❼ マウスボタンを放して確定した後でも、再びコーナーウィジェット◉をドラッグして尖ったコーナーに戻すことができます。

形を変えたコーナーのアンカーポイントを移動すると、元のコーナーには戻せません。

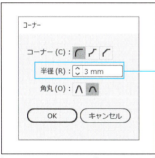
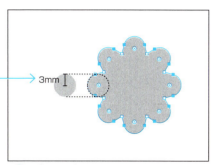

❽ コーナーウィジェット◉をダブルクリックすると、「コーナー」ダイアログボックスが開きます。ここでコーナーの形状や角丸の半径サイズを設定できます。

❾ 「OK」ボタンをクリックすると、形状が確定します。

「コーナー」ダイアログボックスの角丸オプションを絶対値 ∧ にすると、正円の角丸になります。相対値 ∧ にすると、コーナーの角度に合わせた丸みがつきます。

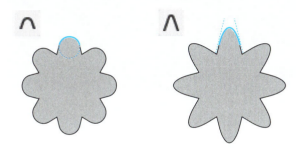

「環境設定」の［選択範囲・アンカー表示］にある「次の角度より大きいときにコーナーウィジェットを隠す」に指定した値を超えると、コーナーウィジェットが隠れます。初期設定は177度です。177度以上のコーナーポイントを選択したときは、コーナーウィジェットは表示されません。

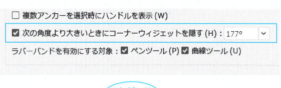

077

PART03 ▶ P03Task06.ai

## 課題⑥ パス編集の練習

作りかけの「ゾウ」を完成させてください。

□ パスの連結ができるか？→ ペンツール ✐ でセグメントを追加したり、［連結］コマンドを使います。
□ コーナーポイントとスムーズポイントの切り換えができるか？→アンカーポイントツール ▶ *1 で操作します。
□ アンカーポイントを揃えることができるか？→［平均］コマンドを使います。

*1：CS6 アンカーポイントの切り換えツールで操作します。

# PART4

## 変形

# 4-1 回転

回転ツール や「変形」パネルを使い、指定した原点を中心にオブジェクトを回転します。「角度」テキストボックスに負の角度を入力すると時計回りに回転して、正の角度を入力すると反時計回りに回転します。

## ドラッグで回転する

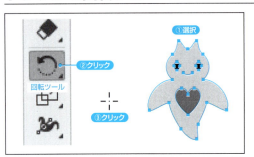
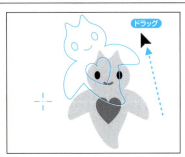

① オブジェクトを選択して、回転ツール で基準点をクリックします。

> 基準点を指定しない場合、オブジェクトの中心で回転します。

② 基準点を中心にドラッグした方向にオブジェクトが回転します。

> Shift キーを押しながらドラッグすると、回転角度を45度単位に固定します。

> Alt キーを押しながらマウスボタンを放すと、オブジェクトのコピーが回転します。

③ マウスボタンを放して位置を確定します。

> 選択ツール や自由変形ツール のバウンディングボックスでも、ドラッグ操作によるオブジェクトの回転ができます(088ページ参照)。

## 数値入力で回転する

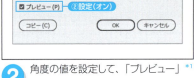

① オブジェクトを選択して、回転ツール ボタンをダブルクリックします。

> 基準点を指定するときは、Alt キーを押しながらアートボード上をクリックします。

② 角度の値を設定して、「プレビュー」*1 で確認します。

> [オブジェクト→変形→回転] を選択しても同じダイアログボックスが開きます。

③ 「OK」ボタンをクリックして回転を確定します。

> 負の値が時計回り、正の値が反時計回りに回転します。

*1: ダイアログボックスの「プレビュー」をオンにすると、「OK」ボタンで確定する前に結果を確認できます。

## 「変形」パネルで回転する

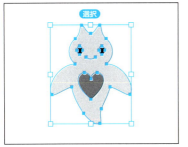

① オブジェクトを選択します。

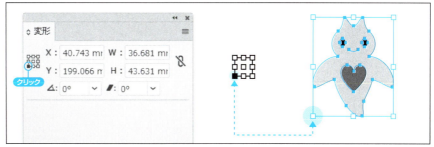

② 「変形」パネルの基準点をクリックして回転の中心を指定します。基準点のボックスは、バウンディングボックスのハンドルと同じ位置です（バウンディングボックスが非表示[*1]でも基準点の設定は有効です）。

③ 「回転」に値を入力するか、ポップアップメニューから値を選択します。

④ 基準点を中心にオブジェクトが回転します。

> バウンディングボックスは、選択ツール ▶ でオブジェクトを選択したときに表示されます。

> 回転で傾いたバウンディングボックスは、[オブジェクト→変形→バウンディングボックスのリセット]で初期化できます。
> リセットしていないパスをグループ化すると、グループを回転してもバウンディングボックスは回転しません。

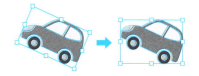

> 「回転」に値を入力するとき Alt キーを押しながら Enter キーで確定すると、オブジェクトのコピーが回転します。

## * Column

ものさしツール 📏 を使い、クリックまたはドラッグした2点間の距離や角度を計測することができます（計測値は「情報」パネルで確認します）。

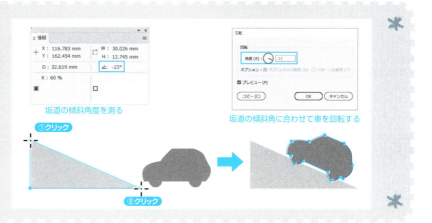

坂道の傾斜角度を測る　　坂道の傾斜角に合わせて車を回転する

---

*1：[表示→バウンディングボックスを隠す]（Shift+Ctrl+B）を選択すると、選択ツールのバウンディングボックスが非表示になります。

# 4-2 拡大・縮小

PART04 ▶ P04Sec02_01.ai

拡大・縮小ツール を使い、指定した原点を中心に、水平方向、垂直方向、または両方向にオブジェクトを拡大・縮小します。初期設定では、拡大・縮小しても線幅と効果、パターンは拡大・縮小されません。必要に応じてオプションを指定してください。

## ドラッグで拡大・縮小する

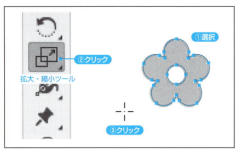
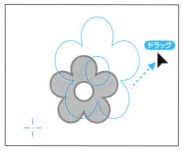

① オブジェクトを選択して、拡大・縮小ツール で基準点をクリックします。

② ドラッグした方向にオブジェクトが拡大（または縮小）します。

③ マウスボタンを放してサイズを確定します。

P 基準点を指定しない場合、オブジェクトの中心で拡大・縮小します。

P Alt キーを押しながらマウスボタンを放すと、オブジェクトのコピーが拡大・縮小します。

## ドラッグで拡大・縮小する（縦横同比率）

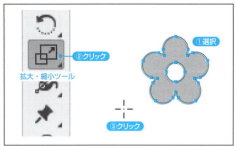
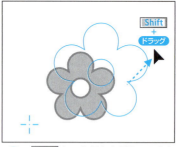

① オブジェクトを選択して、拡大・縮小ツール で基準点をクリックします。

② Shift キーを押しながら45度角方向にドラッグすると、縦横同比率で変形します。

③ マウスボタンを先に放してから、Shift キーを放します。

P 垂直方向か水平方向にドラッグすると、縦か横に拡大・縮小します。

P 選択ツールや自由変形ツールのバウンディングボックスでも、ドラッグ操作によるオブジェクトの拡大・縮小ができます（089ページ参照）。

## 数値入力で拡大・縮小する

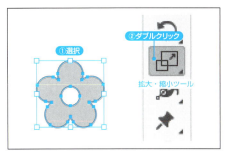

**1** オブジェクトを選択して、拡大・縮小ツール ボタンをダブルクリックします。

P 「拡大・縮小」ダイアログボックス[*1]、「個別に変形」ダイアログボックス、「変形」パネル、「環境設定」ダイアログボックスにある線幅と効果、パターンの変形の設定は同期しています。

**2** 「線幅と効果を拡大・縮小」をオンにして、拡大・縮小率を設定します。

P 基準点を指定するときは、Altキーを押しながらアートボード上をクリックします。

P 「変形」パネルの「幅」と「高さ」の値の後ろに倍率を入力して拡大・縮小できます。例えば、オブジェクトを180%拡大するときは、「*1.8」を入力します。

**3** 「OK」ボタンをクリックして拡大・縮小を確定します。

P [オブジェクト→変形→拡大・縮小]を選択しても、同じダイアログボックスが開きます。

ここをオンにすると、縦横同比率で拡大・縮小します。

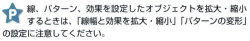

P 線、パターン、効果を設定したオブジェクトを拡大・縮小するときは、「線幅と効果を拡大・縮小」「パターンの変形」の設定に注意してください。

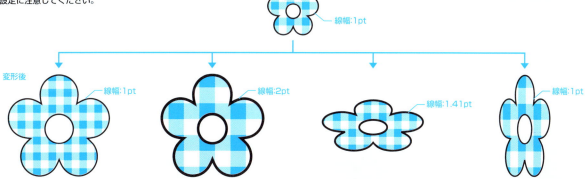

*1:「回転」、「リフレクト」、「シアー」ダイアログボックスにある「パターンの変形」や「オブジェクトの変形」も同期しています。

# 4-3 リフレクト

> リフレクトツール を使い、指定した軸の反対側にオブジェクトを反転します。軸は2箇所クリックした位置を結ぶ直線で指定します。二つ目の点は、ドラッグしながら角度を調整することもできます。

## ドラッグで反転する

**1** オブジェクトを選択して、リフレクトツール で最初の基準点をクリックします。

**2** 二つ目の基準点をドラッグして、軸の角度を調整します。

**3** マウスボタンを放して位置を確定します。

- 基準点を指定しない場合、オブジェクトの中心で反転します。
- Shift キーを押しながらドラッグすると、反転角度を90度単位に固定します。
- Alt キーを押しながらマウスボタンを放すと、オブジェクトのコピーが反転します。
- ドラッグではなくクリックすると、最初にクリックした位置と2回目にクリックした位置を直線で結んだラインを軸に反転します。

## 数値入力で反転する

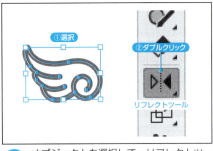

**1** オブジェクトを選択して、リフレクトツール ボタンをダブルクリックします。

**2** リフレクトの軸を設定します。

**3** 「OK」ボタンをクリックして反転を確定します。

- 軸の基準になる1点を指定するときは、Alt キーを押しながらクリックします。
- [オブジェクト→変形→リフレクト]を選択しても同じダイアログボックスが開きます。
- 「変形」パネルメニューでも水平・垂直方向に反転できます。

# 4 シアー

PART04 ▶ P04Sec04_01.ai

シアーツール や「変形」パネルを使い、水平軸、垂直軸、または方向の角度に指定した軸に沿って傾けることができます。シアーの角度とはオブジェクトを傾ける角度のことで、シアー軸と垂直な線を基準に時計回りの角度で指定します。

## ドラッグで傾ける

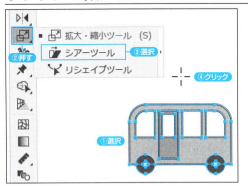
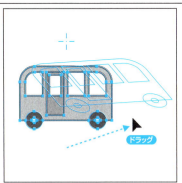

1. オブジェクトを選択して、シアーツール で基準点をクリックします。
2. ドラッグした方向にオブジェクトが傾斜します。
3. マウスボタンを放して傾斜を確定します。

P 基準点を指定しない場合、オブジェクトの中心で傾斜します。

P Shift キーを押しながらドラッグすると、傾斜角度を45度単位で固定します。
Alt キーを押しながらマウスボタンを放すと、傾斜したオブジェクトがコピーされます。

## 数値入力で傾ける

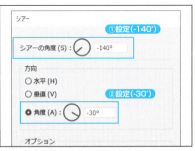

1. オブジェクトを選択して、シアーツール ボタンをダブルクリックします。
2. 角度や方向を設定します。
3. 「OK」ボタンをクリックして傾斜を確定します。

P 基準点を指定するときは、Alt キーを押しながらアートボード上をクリックします。

P [オブジェクト→変形→シアー] を選択しても同じダイアログボックスが開きます。

## 「変形」パネルで傾ける

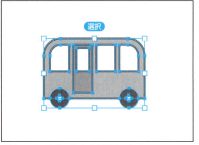

① オブジェクトを選択します。

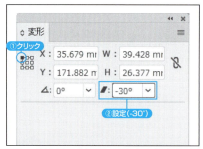

② 「変形」パネルの基準点を指定して、「シアー」に値を入力するか、ポップアップメニューから値を選択します。

③ 基準点を中心にオブジェクトが傾斜します。

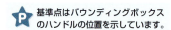
基準点はバウンディングボックスのハンドルの位置を示しています。

角度の入力時に Alt キーを押しながら Enter キーで確定すると、オブジェクトのコピーが傾斜します。

### Column　数値入力の変形で作る等測図

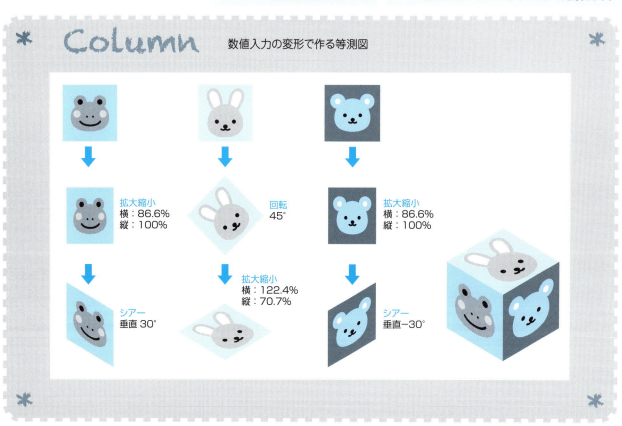

📁 PART04 ▶ 📄 P04Sec05_01.ai

# 4-5 リシェイプ

選択したアンカーポイントをリシェイプツール でドラッグして、形状のバランスを保ちながら位置や方向線の長さを調整します。リシェイプツール で選択したアンカーポイントは、移動前のディテールを保ちながら移動します。

## リシェイプツールで変形する

① ダイレクト選択ツール を使い、移動（変形）するアンカーポイントを選択します。

② リシェイプツール を選択します。

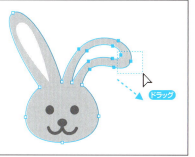

③ 移動するアンカーポイント内で変形しないアンカーポイントを選択します。

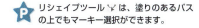

⭐ リシェイプツール は、塗りのあるパスの上でもマーキー選択ができます。

④ 二重四角のマーク■がついたアンカーポイントは、移動しても方向線の長さと■同士の位置は変わりません。

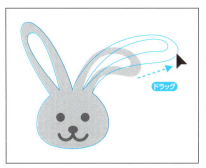

⑤ 四角のマーク■にポインタを重ねてドラッグします。

⑥ マウスボタンを放して変形を確定します。

⭐ リシェイプツール でアンカーポイントを選択していないセグメントをドラッグすると、ポインタを重ねたセグメントの位置に新しいスムーズポイントを追加して変形します*1。

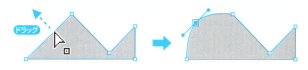

- リシェイプツール は、アンカーポイントを次のように操作します。
  - □ …固定したまま
  - ■ …移動と共に方向線が変わる
  - ▫ …移動しても方向線は変わらない

*1： CC アンカーポイントツールで曲線セグメントをリシェイプする変形では、スムーズポイントを追加しません。

## 4-6 自由変形

PART04 ▶ P04Sec06_01.ai

選択ツール ▶ と自由変形ツール ▣ のバウンディングボックスを使って変形します。

### 選択ツールで変形
バウンディングボックスのハンドルを選択ツール ▶ でドラッグします。ハンドルを動かすことで、バウンディングボックスの大きさや角度が変わり、その形状に合わせて選択したオブジェクトが変形します。回転、拡大・縮小、反転の変形ができます。

### 自由変形ツールで変形
自由変形ツール ▣ は、バウンディングボックスを矩形以外の形に動かすとができます。これにより、傾ける、歪める、遠近感をつける変形ができます。

### CC の便利な自由変形ツールウィジェット
自由変形ツール ▣ を選択すると、変形方法を選択するウィジェットが表示され、ドラッグだけで変形できるようになりました。タッチ対応デバイスにも対応しています。

## 回転する

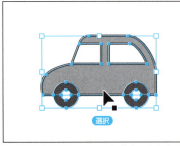

① 選択ツール ▶ でオブジェクトを選択します。

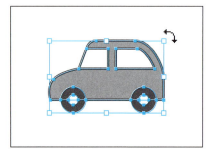

② ポインタが ↻ になるバウンディングボックス*1 の外側（ハンドル付近）でドラッグします。

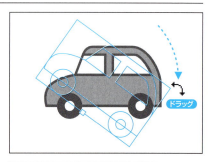

③ マウスボタンを放して回転を確定します。

P 自由変形ツール ▣ で回転する場合、バウンディングボックスの外側ならどこでも ↻ のポインタに変わります。選択ツール ▶ と同じドラッグ操作で回転します。CC の自由変形ツール ▣ は、バウンディングボックスの中心に表示される基準点 ◇ をドラッグして、回転の軸を設定できます。基準点をダブルクリックすると、位置がリセットされます。

P パターン、線幅、効果に対する変形は、「環境設定」や「変形」パネルメニューで設定できます。

P Shift キーを押しながらドラッグすると、回転角度を45度単位に固定します。

P CC の自由変形ツール ▣ は、ウィジェットの「縦横比を固定」をオンにすると、回転角度を45度単位に固定します。

縦横比を固定

*1：バウンディングボックスが非表示のときは、［表示→バウンディングボックスを表示］(Shift+Ctrl+B) を選択してください。
自由変形ツールのバウンディングボックスは、［バウンディングボックスを隠す］を選択しても非表示になりません。

## 拡大・縮小する

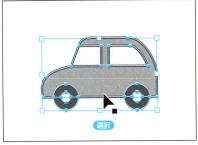

❶ 選択ツール ▶ でオブジェクトを選択します。

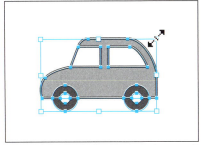

❷ ポインタが になるコーナーハンドルをドラッグします。

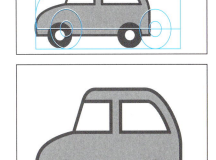

- パターン、線幅、効果に対する変形は、「環境設定」や「変形」パネルメニューで設定できます。

- サイドハンドルをドラッグすると、縦か横に拡大・縮小します。

- Shift キーを押しながらドラッグすると、縦横同比率で拡大・縮小します。

- CCの自由変形ツール は、ウィジェットの「縦横比を固定」をオン にすると、縦横同比率で拡大・縮小します。

- エリア内文字のバウンディングボックスを選択ツール ▶ で拡大・縮小すると、テキストエリアのサイズだけが変わります（文字サイズは変わらない）。自由変形ツール の場合は、文字サイズも変形します。

❸ マウスボタンを放してサイズを確定します。

## 反転する

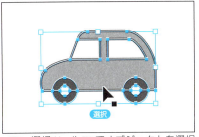

❶ 選択ツール ▶ でオブジェクトを選択します。

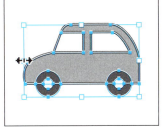

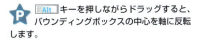

❷ ポインタが になるサイドハンドルを内側方向にドラッグします。

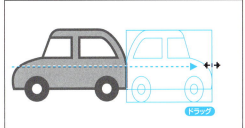

- パターン、線幅、効果に対する変形は、「環境設定」や「変形」パネルメニューで設定できます。

- テキストやビットマップ画像も反転、回転、拡大・縮小できます。

- Alt キーを押しながらドラッグすると、バウンディングボックスの中心を軸に反転します。

- Shift キーを押しながらサイドハンドルをドラッグすると、上下も反転します。

❸ マウスボタンを放して反転を確定します。

PART04 ▶ P04Sec06_01.ai

## 傾ける（CC）

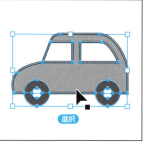

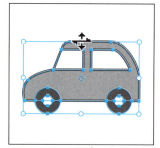
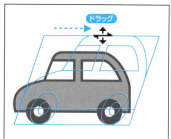

① 選択ツール ▶ でオブジェクトを選択します。

② 自由変形ツール を選択して、ウィジェットの「自由変形」をオンにします。

③ ポインタが になるサイドハンドルをドラッグします。

P テキストやビットマップ画像も傾けることができます。

P 「パターンの変形」がオンの場合、パターンも変形します。

P 「縦横比固定」をオンにするか、Shift キーを押しながらドラッグすると、縦か横のサイズを固定して傾斜します。

P 自由変形選択ツール をショートカットで選択するには、英字入力モードで E キーを押します。

P Alt キーを押しながらドラッグすると、バウンディングボックスの中心で傾斜します。

④ マウスボタンを放して傾斜を確定します。

## 傾ける（CS6）

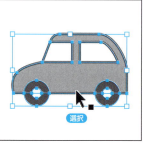

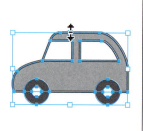

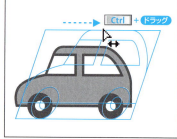

① 選択ツール ▶ でオブジェクトを選択します。

② 自由変形ツール を選択します。

③ ポインタが になるサイドハンドルをドラッグして、途中で Ctrl キーを押します。

P テキストやビットマップ画像も傾けることができます。

P 「パターンの変形」がオンの場合、パターンも変形します。

P Shift キーも押しながらドラッグすると、縦か横のサイズを固定して傾斜します。

P Alt キーも押しながらドラッグすると、バウンディングボックスの中心で傾斜します。

④ マウスボタンを先に放してから Ctrl キーを放します。

090

## 歪める（CC）

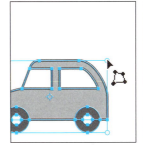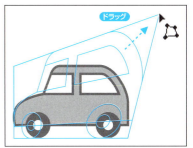

① 選択ツール ▶ でオブジェクトを選択します。

ⓟ テキストやビットマップ画像を歪めることはできません。

ⓟ 線幅、効果、パターンは変形しません。

② 自由変形ツール を選択して、ウィジェットの「パスの自由変形」をオンにします。

ⓟ ウィジェットの「自由変形」がオンでも、Ctrl キーを押しながらコーナーハンドルをドラッグするとオブジェクトが歪みます。

ⓟ Alt キーを押しながらドラッグすると、対角にあるバウンディングボックスが反対側に移動します。

③ ポインタが になるコーナーハンドルをドラッグします。

ⓟ 「縦横比固定」をオンにするか、Shift キーを押しながらドラッグすると、縦か横のサイズを固定して歪めます。

④ マウスボタンを放して形状を確定します。

## 歪める（CS6）

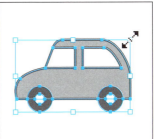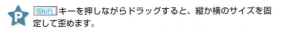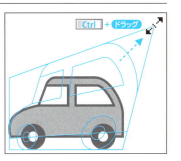

① 選択ツール ▶ でオブジェクトを選択します。

ⓟ テキストやビットマップ画像を歪めることはできません。

ⓟ 線幅、効果、パターンは変形しません。

② 自由変形ツール を選択します。

ⓟ Shift キーを押しながらドラッグすると、縦か横のサイズを固定して歪めます。

ⓟ Alt キーを押しながらドラッグすると、対角にあるバウンディングボックスが反対側に移動します。

③ ポインタが になるコーナーハンドルをドラッグして、途中で Ctrl キーを押します。

④ マウスボタンを先に放してから Ctrl キーを放します。

## 遠近感をつける（CC）

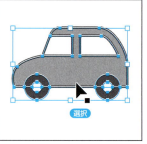
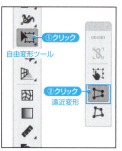
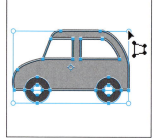
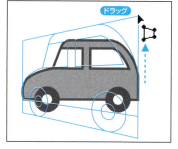

① 選択ツール ▶ でオブジェクトを選択します。

⭐ テキストやビットマップ画像を歪めることはできません。

⭐ 線幅、効果、パターンは変形しません。

② 自由変形ツール を選択して、ウィジェットの「遠近変形」をオンにします。

⭐ ウィジェットの「自由変形」がオンでも、Shift + Alt + Ctrl キーを押しながらコーナーハンドルをドラッグするとオブジェクトに遠近感がつきます。

③ ポインタが になるコーナーハンドルをドラッグします。

④ マウスボタンを放して形状を確定します。

## 遠近感をつける（CS6）

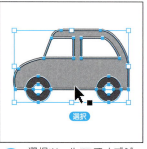

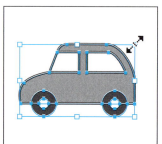
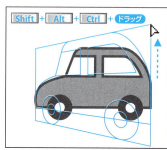

① 選択ツール ▶ でオブジェクトを選択します。

② 自由変形ツール を選択します。

③ ポインタが になるコーナーハンドルをドラッグして、途中で Shift + Alt + Ctrl キーを押します。

⭐ ［表示→バウンディングボックスを隠す］（Shift + Ctrl + B）を選択すると、選択ツール ▶ のバウンディングボックスが非表示になります。自由変形ツール のバウンディングボックスは表示されるので変形できます。

④ マウスボタンを先に放してからキーを放します。

⭐ テキストやビットマップ画像を歪めることはできません。

⭐ 線幅、効果、パターンは変形しません。

PART04 ▶ P04Sec06_01.ai

## Column
イラストのサイズを変更するとき線幅も含んで設定する方法

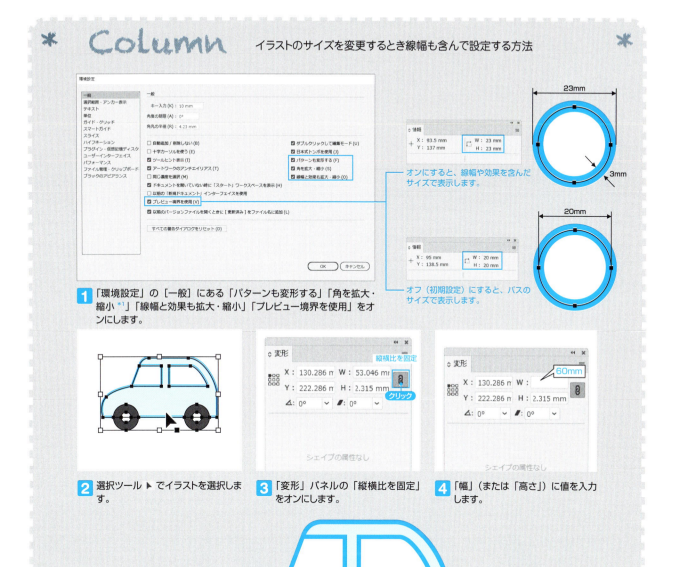

1 「環境設定」の［一般］にある「パターンも変形する」「角を拡大・縮小」[*1]「線幅と効果も拡大・縮小」「プレビュー境界を使用」をオンにします。

2 選択ツール ▶ でイラストを選択します。

3 「変形」パネルの「縦横比を固定」をオンにします。

4 「幅」（または「高さ」）に値を入力します。

＊1： CS6 と v.17 にはありません。 CC2014 は「長方形の角を拡大・縮小」をオンにします。

093

## 課題 ⑦ 変形の練習

### 時計を2時にしてください。
☐ 基準点を指定して数値指定で回転できるか？→ 回転ツール  で Alt キーを押しながらクリックします。

### 鳥を2羽にしてください。
☐ 基準点を指定して反転コピーできるか？→ リフレクトツール で Alt キーを押しながらクリックします。

### 鳥カゴの網目を増やしてください。
☐ 水平方向に縮小コピーできるか？→ 縮小するとき線幅が変わらないように設定します。

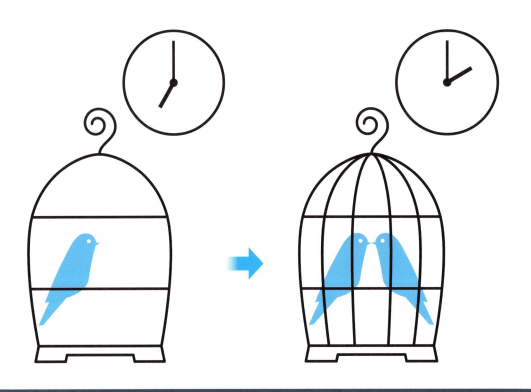

# PART5
## ペイント

# 1 色の設定

カラーモードはイラストの使用目的に合わせて設定します。Web画像などモニタに表示するイラストは「RGB」に、商用印刷用のイラストを作成するときは「CMYK」に設定します。両方の色域は一致しないので、変換すると印象が変わる場合があります。

## カラーモードを変更する

① 「P05Sec01_01.ai」のファイルを開きます。このドキュメントはカラーモードを「RGBカラー」に設定しています。

② [ファイル→ドキュメントのカラーモード→CMYKカラー]を選択します。

③ RGBでペイントしたカラーがCMYKに変わります。

 ドキュメントのカラーモードは、ドキュメントウィンドウのファイル名の横に表示されます。

 CMYKとRGBの色域は一致しないため、近似色に変換します。
変換後は再び元のカラーモードに変換しても、最初と同じカラー値に戻りません(スウォッチのカラー値も戻りません)。

 この作例のように、RGBにしかない色域をCMYKに変換すると、印象が大きく変わります。
逆にCMYKからRGBに変換した場合、RGBはCMYKの色域をほぼカバーしているので、画面上での変化はあまり目立ちません。
商用印刷を目的としたイラストを作成するときは、「CMYK」のカラーモードで作成することが義務付けられています。
家庭用のインクジェットプリンターで印刷する場合は、「RGB」のカラーモードでも印刷できますが、RGBの色域すべては再現できません。

 カラーモードは、新規ドキュメントを作成するときに設定します。
「新規ドキュメント」ダイアログボックスの「詳細オプション」ボタンをクリックして、[カラーモード]のポップアップメニューから選択します。

## 「カラー」パネルでペイントする

① パスを選択します。

② パネルメニューの[オプションを表示]でⒶの項目を表示します。
「カラー」パネルの「塗り」ボックスをクリックして、カラー値を設定します。
※スライダーがRGBの場合、パネルメニューでCMYKに変更します。

P テキストも同じ手順で塗りと線の設定ができます。

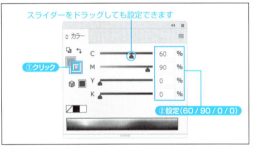

③ 「カラー」パネルの「線」ボックスをクリックして、カラー値を設定します。

P 「カラー」パネルメニューでカラーモードと同じカラーモデルに設定します。
カラーモデルとカラーモードが一致しなくても設定できますが、表示される色はドキュメントのカラーモードの色域になります。

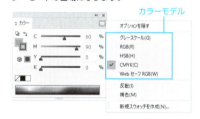

P 「塗り」ボックスや「線」ボックスをダブルクリックすると、「カラーピッカー」ダイアログボックスが開きます。新しく指定した色と変更前の色を比較しながら設定できます。

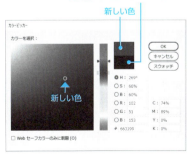

P 「カラー」パネルや「カラーピッカー」ダイアログボックスで設定したカラー値がCMYKの色域外になると▲のアイコンが表示され、Webセーフカラーの色域外になると◉のアイコンが表示されます。この警告アイコンをクリックすると、それぞれの色域に合うカラー値に変換されます。

P Webセーフカラーとは、RGBのそれぞれの値を6段階(00、33、66、99、CC、FF)に分けて組み合わせた216色です。異なるOSでも同じ色で表示できるように、Web用の共通カラーとして定義されています。

P [表示→校正設定→作業用CMYK]を選択すると、ドキュメントのカラーモードがRGBのままでもCMYKカラーの色合いで表示します。元のRGBカラーの表示に戻るときは、[表示→色の校正]をオフにします。

P カラーバーをクリックすると、スポイトの先端にあるカラーが設定されます。
[Alt]キーを押しながらクリックすると、選択していない塗りまたは線のカラーを設定します。
[Shift]キーを押しながらクリックすると、カラーバーのカラーモデルが順番に切り替わります。

P カラー設定の異なるパスやテキストを複数選択すると、カラーボックスの表示が「?」になります。

## 「スウォッチ」パネルでペイントする

① パスを選択します。

② 「スウォッチ」パネルの「塗り」*1 をクリックして（線の色を指定するときは「線」をクリックします）、カラーをクリックします。

P 「コントロール」パネルや「プロパティ」パネル（CC2018）の「塗り」（または「線」）をクリックすると、「スウォッチ」パネルが開きます。

Shiftキーを押しながらクリックすると、「カラー」パネルが開きます。

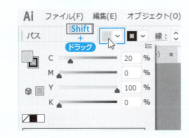

P 別のドキュメントからコピー＆ペーストするオブジェクトにカラー値の違う同じ名前のグローバルカラーがあると「スウォッチの競合」ダイアログボックスが開きます。
「スウォッチを結合」は、ペースト先のカラー値に合わせて結合します。
「スウォッチを追加」は、コピー元のスウォッチ名を変えて追加します。

P CCは、スウォッチの表示をボタンで切り替えることができます。

スウォッチをサムネール表示します

スウォッチをリスト表示します

P スウォッチライブラリには、「DIC」や「PANTONE」などの特殊インクを登録したスウォッチがあります。
「スウォッチ」パネルメニューの［スウォッチライブラリを開く］や［ウィンドウ→スウォッチライブラリ→カラーブック］から選択して開くことができます。
蛍光色などの明るい特色は「分版プレビュー」パネルの「オーバープリント」をオンにすると、近い色で表示できます。

P 未選択オブジェクトにカラーをドラッグしてペイントできます（ドラッグする前にカラーボックスの「塗り」または「線」を選択します）。

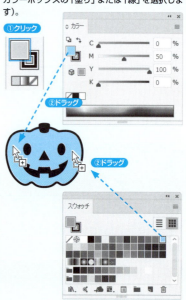

P 特色などのグローバルカラーは、「カラー」パネルでインクの濃度（0～100%）を指定します。
数値ボックスの下にあるボタン（のどれか）をクリックすると、スウォッチとのリンクが切れて、近似色のプロセスカラーに変換されます。

*1：CS6 ツールパネルで「塗り」を選択します。

## カラーを「スウォッチ」パネルに登録する

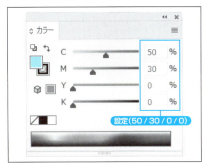
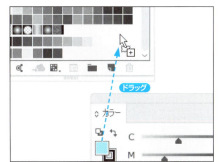
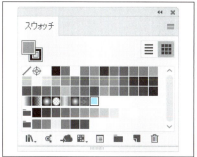

❶ 「カラー」パネルでカラーを設定します。

❷ 「スウォッチ」パネルの空いているスペースに、カラーボックスをドラッグします。

📌 スウォッチの設定を変更するときは、「スウォッチ」パネルのスウォッチをダブルクリックします（スウォッチライブラリの設定は変更できません）。

- プロセスカラー：CMYKの4色で組み合わせた色を設定します。
- 特色：プロセスカラー以外の特殊なインクとして設定します。このカラーでペイントしたイメージは、CMYKとは別の版として印刷します。
- 名前：スウォッチの名前を設定します。初期設定ではカラー値が名前に設定されます。

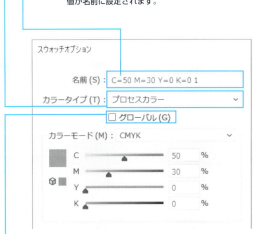

グローバルをオンにしたスウォッチでペイントすると、ドキュメント上のカラーとスウォッチがリンクします。
スウォッチのカラー値を変更すると、ドキュメント上のカラーも一緒に変わります。

📌 「スウォッチ」パネルメニューの「使用したカラーを追加」を選択すると、ドキュメントのすべてのカラーをグローバルカラーとして登録します。
ただし、「不透明マスク内のカラー（不透明マスク編集モード以外）」「ブレンドのカラー」「ビットマップイメージのカラー」「ガイドカラー」「複合シェイプで表示されないオブジェクトのカラー」は対象外です。

📌 イラストを選択して「スウォッチ」パネルの「新規カラーグループ」ボタンをクリックすると、イラストに適用しているカラーをグループにしてスウォッチ登録します。

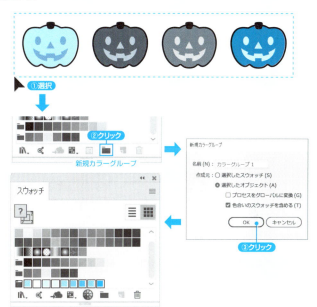

# 5-2 線の設定

「線」パネルで線を設定します。線端や角の形状、線の位置など、細かい設定ができます。初期設定では、線の幅の単位をポイント（pt）で設定します。1 ポイントは 0.353mm や 1 ピクセルと同じ幅です。

📁 PART05 ▶ 📄 P05Sec02_01.ai

## 線幅を設定する

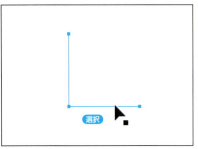

① パスを選択します。

② 「線」パネルの「線幅」に値を入力するか、ポップアップメニューから値を選択します。

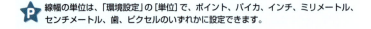

P 線幅の単位は、「環境設定」の［単位］で、ポイント、パイカ、インチ、ミリメートル、センチメートル、歯、ピクセルのいずれかに設定できます。

P 線幅を「0」に設定すると、線のカラーが「なし」になります。

## 線端の形状を設定する

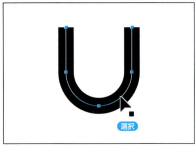

① オープンパスを選択します。

P 「線端の形状」は、オープンパスの線端に適用されます。

② 「線」パネルの「線端の形状」のボタンを変えて、設定の違いを確認してください。点線Ⓐから下の項目は、パネルメニューの［オプションを表示］で表示されます。

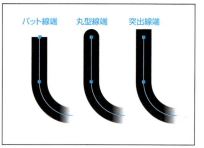

P 「突出線端」は、線幅の半分だけ飛び出します。図のようなケースに活用できます。  高さを揃えるときに便利

📁 PART05 ▶ 📄 P05Sec02_01.ai

## 角の形状を設定する

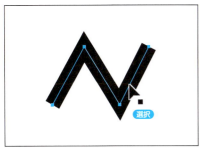

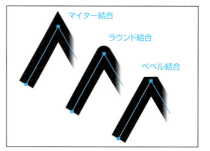

❶ パスを選択します。

❷ 「線」パネルの「角の形状」のボタンを変えて、設定の違いを確認してください。

⭐ 「角の形状」は、コーナーポイントに適用されます。

## 角の比率を設定する

❶ パスを選択します。

❷ 「線」パネルの「角の形状」をマイター結合に設定して、「比率」に値を入力します（角の幅が「線幅」×「比率」を超えると、「ベベル結合」になります）。

⭐ 「比率」は、「マイター結合」を設定したコーナーポイントに適用されます。

## 線の位置を設定する

❶ クローズパスを選択します。

❷ 「線」パネルの「線の位置」のボタンを変えて、設定の違いを確認してください。

⭐ オープンパス、テキスト、破線は、「線の位置」の変更ができません（「線を中央に揃える」に固定）。

PART05 ▶ P05Sec02_02.ai

## 破線を作る

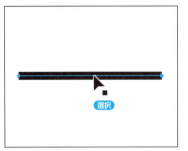
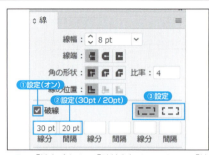
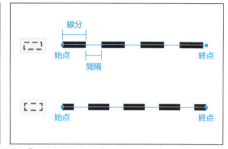

❶ パスを選択します。

❷ 「線」パネルの「破線」をオンにして、「線分」と「間隔」に値を入力します。設定した値を正確に表示するには、「線分と間隔の正確な長さを保持」ボタン をクリックします。
「長さを調整しながら、線分をコーナーやパス先端に合わせて整列」ボタン をクリックすると、線端に線分が届くように長さが調整されます。

破線のサンプル
（原寸大）

線幅：7pt　線端の形状：バット線端
10pt 線分（間隔が未入力の場合、線分と同じ値になります）

線幅：7pt　線端の形状：丸型線端
0pt 15pt
線分 間隔

線幅：7pt　線端の形状：バット線端
20pt 4pt 7pt 4pt
線分 間隔 線分 間隔

## 破線を調整する

❶ 破線を設定したパスを選択します。

❷ 「線」パネルの「長さを調整しながら、線分をコーナーやパス先端に合わせて整列」ボタン をクリックします。

❸ コーナーに線分の中心がくるように破線の長さが自動調整されます。

P 右の図形に破線を適用したときも、「長さを調整しながら、線分をコーナーやパス先端に合わせて整列」に設定することで、見た目が良くなります。

調整なし

調整あり
コーナーに線分の中心がくる

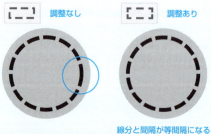
調整なし

調整あり
線分と間隔が等間隔になる

## 線端に矢印を設定する

❶ オープンパスを選択します。

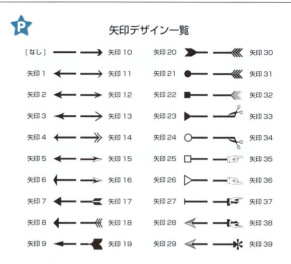

矢印デザイン一覧

| [なし] | ───── | 矢印10 | ──▶ | 矢印20 | ▶──◀ | 矢印30 |
| 矢印1 | ◀──── | 矢印11 | ──▶ | 矢印21 | ●──● | 矢印31 |
| 矢印2 | ◀──── | 矢印12 | ──▶ | 矢印22 | ■──■ | 矢印32 |
| 矢印3 | ◀──── | 矢印13 | ──▶ | 矢印23 | ▶──✂ | 矢印33 |
| 矢印4 | ◀──── | 矢印14 | ──▶ | 矢印24 | ○──✂ | 矢印34 |
| 矢印5 | ◀──── | 矢印15 | ──▶ | 矢印25 | □──☞ | 矢印35 |
| 矢印6 | ◀──── | 矢印16 | ──▶ | 矢印26 | ▷──☞ | 矢印36 |
| 矢印7 | ◀──── | 矢印17 | ──▶ | 矢印27 | ├──☞ | 矢印37 |
| 矢印8 | ◀──── | 矢印18 | ──▶ | 矢印28 | ◀──✋ | 矢印38 |
| 矢印9 | ◀──── | 矢印19 | ──▶ | 矢印29 | ◀──✳ | 矢印39 |

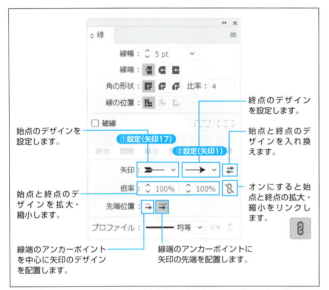

❷ 「線」パネルの「矢印」で始点側に「矢印17」、終点側に「矢印1」を設定します。

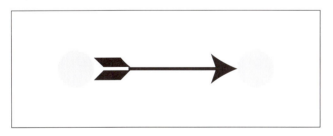

ⓟ CS4以前では矢印を効果で設定しました。CS4以前のファイルをCS6からCC2014で開いた場合、矢印は 「アピアランス」パネルの「矢印にする」をクリックしてデザインを変更できます。CC2015以降はエラーが発生します。

## Column

矢印の形状はカスタマイズできます。Adobe Illustrator<使用バージョン>¥Support Files¥Required¥Resources¥ja_JP ¥フォルダ（Windows）、またはAdobe Illustrator<使用バージョン>/Required/Resources/ja_JPフォルダ（macOS）にある「矢印.ai」ファイルを開くと、ドキュメント内に矢印の追加方法が記されています。
macOSは、Illustratorアプリケーションアイコンを右クリックして[パッケージの内容を表示]を選択すると、「Required」フォルダが表示されます。
既存のIllustratorファイルとの互換性を保つため、あらかじめ「シンボル」パネルに登録されている矢印は変更しないでください。

## 課題 ⑧ 塗りと線の練習

塗り絵のように自由にペイントしてください。

- ☐ 線と塗りにカラーを設定できるか？ → 塗りか線を選択してからカラーを設定します。
- ☐ 複数のパスに同じ色を設定できるか？ → 複数のパスを選択してカラー設定するか、スウォッチを利用します。

# Column

「属性」パネルにあるオーバープリント設定は、多色印刷の版ズレ[*1]対策用のオプションです。商用印刷のイラスト作成が目的でなければ、設定する必要はありません。

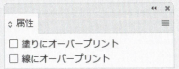

しかも設定しても、多くの印刷所で使用される出力機は、設定したオーバープリントを無効にして、墨ベタ（K:100%）をすべてオーバープリントで出力します。自分で設定したオーバープリントで出力したい場合は、印刷を依頼するときにオーバープリントの指定を明示する必要があります。

指定を明示できない場合は、オーバープリントの設定をしないで、「墨ベタはオーバープリントになる」を前提にしたデータ作成を行います。

例えば、下図の金魚のおもちゃの写真の上に墨ベタ（K:100%）を重ねると、オーバープリントが適用され、墨の下の背面イメージが透けて印刷されます。

これを、墨ベタに近い「K：99%」や「K：100%+C：1%[*2]」で塗りつぶしておくと、背景イメージが透けることなく印刷できます。

ただし、小さい文字や細い罫線を重ねる場合は、背景が透けても分からないですし、版ズレを防ぐことができるので、墨ベタ（K：100%）のままにします。

また、白（C:0% +M:0% +Y:0% +K:0%）にオーバープリントを設定すると、白が消えて印刷されません。白のオーバープリントは必ず無効にしてください。オーバープリントを設定した色を白に変更したときに生じやすいミスです。

自分でオーバープリントを設定するときは、必ず［表示→オーバープリントプレビュー］（ Alt + Ctrl + Shift + Y ）で印刷イメージを確認しましょう。プリントアウトで確認する場合は、「プリント」ダイアログボックスの「詳細」にあるオーバープリントオプション[*3]を「シミュレート」に設定します。

---

※1：版ズレとは、印刷機の精度誤差による刷色境界に隙間が生じる現象です。
※2：1%追加する版は墨版以外のどれでもかまいません。

※3： CC の初期設定のプリントは、オーバープリントオプションに「白のオーバープリントを破棄」がオンになっています。ここはあえてオフに変更して、白にオーバープリントを設定していないか出力結果を確認してください。

PART05 ▶ P05Sec03_01.ai

# 5-3 グラデーションの設定

「グラデーション」パネルの分岐点にカラーを設定して、開始カラー（左の分岐点）から終了カラー（右の分岐点）に変化するグラデーションを作成します。開始カラーと終了カラーの位置は、グラデーションツールで指定します。

## グラデーションでペイントする

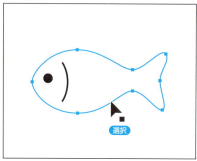

❶ パスを選択します。

❷ 塗りか線を選択してから「グラデーション」パネルの塗りボックスをクリックします。

❸ スライダーの左端（開始カラー）の分岐点をクリックします。

❹ 「カラー」パネルで開始カラーを設定します*1。

❺ スライダーの右端（終了カラー）の分岐点をクリックします。

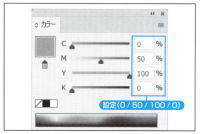

❻ 「カラー」パネルで終了カラーを設定します。

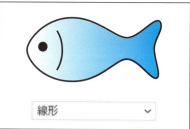

❼ 種類を「円形」に変えると、放射状のグラデーションに変わります。種類を「線形」に戻して、次ページの「中間カラーを追加する」の操作を続けます。

*1：初期設定の白黒グラデーションのカラーを変更する場合、「カラー」パネルのカラーモデルがグレースケールで表示されます。
　　「カラー」パネルメニューでカラーモデルをCMYKに切り替えてください。

PART05 ▶ P05Sec03_01.ai

## 中間カラーを追加する

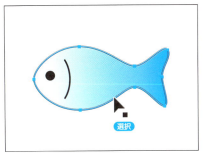

① パスを選択します。

② 開始カラーと終了カラーの中間（ のあたり）をクリックして、新しい分岐点を追加します。

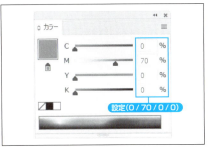

③ 「カラー」パネルで中間カラーを設定します。

P 追加した分岐点 を削除するときは、削除する分岐点をクリックしてから「分岐点を削除」ボタン をクリックします。

---

## Column

グラデーションの階調が変化する境い目が目立ち、滑らかなグラデーションにならない状態を「バンディング」と呼びます。

バンディングは、階調差の少ないグラデーションを長い距離に設定すると発生します。

バンディングが生じないようにするには、グラデーションの長さを1ステップにつき2.16pt（0.762mm）以内に設定します。グラデーションのステップ数は、「256（階調の数）× カラーの変化率」で計算しま

す。カラーの変化率は高い方のカラー値から低いカラー値を引いて求めます。例えば、20%のブラックから100%のブラックに変化するグラデーションの場合、カラーの変化率は80%（0.8）になります。

カラーの変化率80%のグラデーションのステップ数は、「256 × 0.8 = 204.8」で「204」ステップなので、「204 × 2.16」の「440.64pt」（155.448mm）がバンディングが発生しないグラデーションの最大長になります。

107

## 線形グラデーションの開始・終了カラーの位置をドラッグで設定する

① パスを選択して、グラデーションツール ■ を選択します。

② グラデーションを変化させる方向にドラッグします。（ドラッグを開始した位置が開始カラー◯となり、マウスボタンを放した位置が終了カラー□になります）。

P グラデーションツール ■ をショートカットで選択するには、英字入力モードで G キーを押します。

P Shift キーを押しながらドラッグすると、45度単位の方向に傾斜角度を固定します。また「グラデーション」パネルの「角度」に角度を指定して傾けることもできます。

## 円形グラデーションの開始・終了カラーの位置をドラッグで設定する

 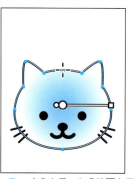 

① パスを選択して、グラデーションツール ■ を選択します。

② 中心カラーから終了カラーまでの範囲をドラッグします。

P スウォッチのカラーをグラデーションに設定する場合、選択したスウォッチを分岐点までドラッグします。

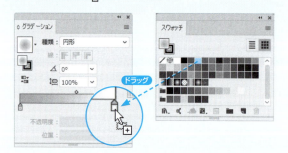

P グラデーションをドラッグして、「スウォッチ」パネルに登録できます。

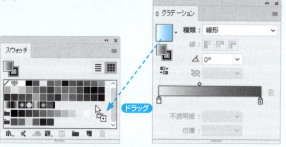

## 複数のグラデーションを揃える

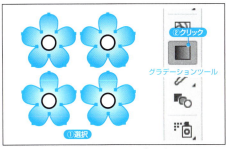
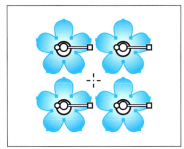
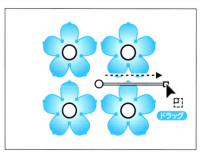

① 複数のパスを選択して、グラデーションツール ▢ を選択します。

② ドラッグして、選択したパスの開始カラーと終了カラーを同じ位置に設定します。

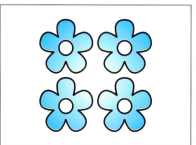

## グラデーションの変化を設定する

① パスを選択します。

② グラデーションスライダーの上にある「◇」(中間点) をクリックします。

③ 「◆」(中間点) をドラッグするか、「位置」に値を入力します。グラデーションの変化に強弱がつきます。

中間点の「位置」に設定できる値は 13〜87%に制限されています。

## グラデーションスライダーで位置と角度を設定する

❶ パスを選択して、グラデーションツール ▩ を選択します。

❷ グラデーションバーにポインタを重ねて、グラデーションスライダーを表示します。

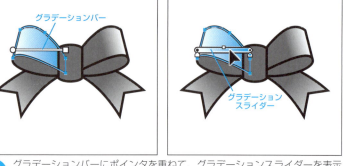

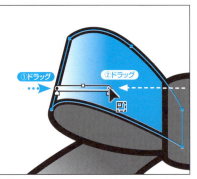

❸ 始点（●）や終了点（◆）をドラッグして、グラデーションの範囲を設定します。

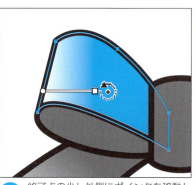

❹ 終了点の少し外側にポインタを移動して、 に変えます。

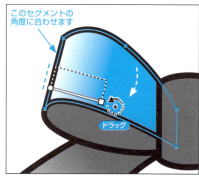

❺ ドラッグしてグラデーションの角度を設定します。

> 始点をドラッグすると、終了点も一緒に移動します。先に始点の位置を決めてから、終了点を設定します。

> 分岐点をダブルクリックすると、カラー設定のパネルが開きます。

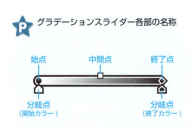

グラデーションスライダー各部の名称

## グラデーションスライダーで楕円形グラデーションにする

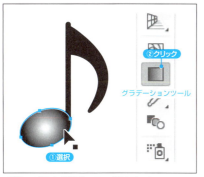

**1** パスを選択して、グラデーションツール ▣ を選択します。

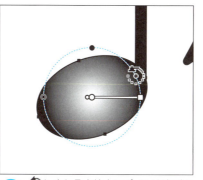

**2** ⤺ に変わる点線上にポインタを重ねます。

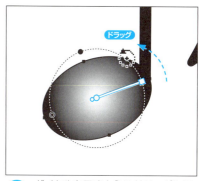

**3** ダイヤルを回すようにドラッグして、イラストの角度とグラデーションバーの角度を合わせます。

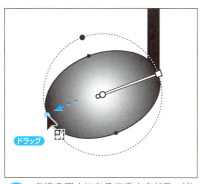

**4** 点線の円上にある二重丸をドラッグして、円の大きさをイラストに合わせます。

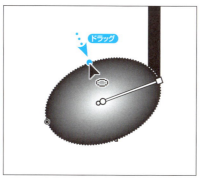

**5** 黒丸をドラッグして、円形のグラデーションを楕円に変形します。

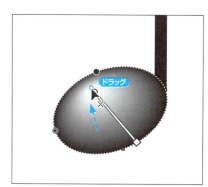

**6** 中心にある小さい白丸をドラッグして、始点の位置を移動します。

> 分岐点カラーの不透明度の値を低く設定すると、グラデーションが半透明になります。

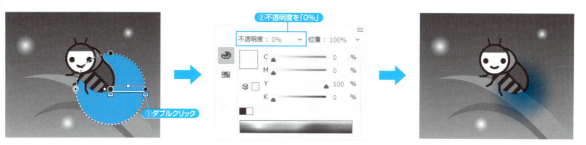

# 5-4 線のグラデーション

📁 PART05 ▶ 📄 P05Sec04_01.ai

線にグラデーションを設定した立体的な表現もできます。「線形」「円形」の種類と、「線にグラデーションを適用」「パスに沿ってグラデーションを適用」「パスに交差してグラデーションを適用」のブレンド方法を組み合わせて設定できます。

## 線にグラデーションを適用する

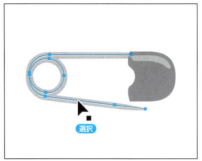

❶ 線を設定したパスを選択します。

❷ 「グラデーション」パネルの線ボックスをクリックします。

❸ グラデーションメニューから「安全ピングラデーション」を選択します。

❹ 種類を「線形」に、線を「パスに交差してグラデーションを適用」に設定します。線幅ツール 🖉 で変形した線の形にも対応して変化します。

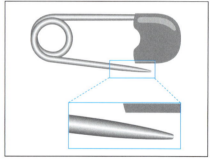

🅟 線のグラデーションは、グラデーションツール ▫ で編集できません。

🅟 カリグラフィブラシと絵筆ブラシを適用した線には、グラデーションを設定できます（散布ブラシ、アートブラシ、パターンブラシは不可）。ただし、[パスに沿ってグラデーションを適用]と[パスに交差してグラデーションを適用]は設定できません。

🅟 「線の位置」オプションを[線を内側に揃える]または[線を外側に揃える]に設定すると、[パスに沿ってグラデーションを適用]と[パスに交差してグラデーションを適用]は設定できません。

[線にグラデーションを適用]に設定した線を下位バージョンで保存すると、アウトライン化したパスにグラデーションの塗りを適用します。

[パスに沿ってグラデーションを適用]と[パスに交差してグラデーションを適用]に設定した線を下位バージョンで保存すると、グラデーションメッシュになります。

[オブジェクト→アピアランスを分割]を選択した場合も、下位バージョンで保存した状態と同じになります。
複雑に曲がった形状も綺麗なメッシュに変換できるので、グラデーションメッシュの作成にも利用できます。

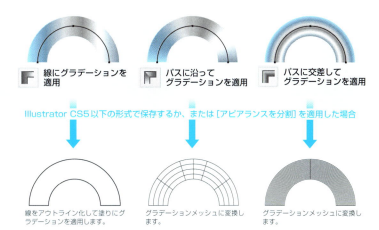

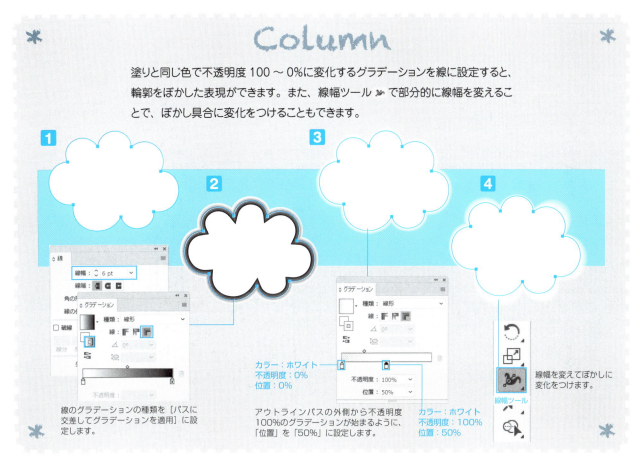

# 5 グラデーションメッシュの設定

PART05 ▶ P05Sec05_01.ai

パスをメッシュオブジェクトに変換して、メッシュポイントにカラーを設定します。通常のグラデーション（線形と円形）とは異なる形のグラデーションが表現できます。リアルタッチのイラストレーションを作成するとき、よく使用される機能です。

## メッシュを自動作成する

① パスを選択します。

② ［オブジェクト→グラデーションメッシュを作成］を選択します。

③ 各項目に値を設定します。
※分割数（行数と列数の数）でハイライトの表現が大きく変わります。

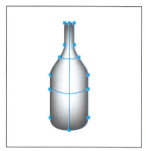

④ 「OK」ボタンをクリックして、グラデーションメッシュに変換します。

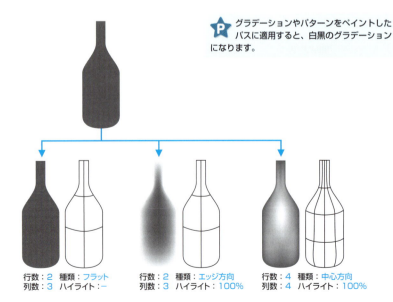

P グラデーションやパターンをペイントしたパスに適用すると、白黒のグラデーションになります。

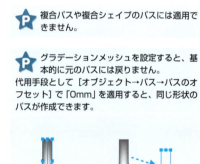

P 複合パスや複合シェイプのパスには適用できません。

P グラデーションメッシュを設定すると、基本的に元のパスには戻りません。
代用手段として［オブジェクト→パス→パスのオフセット］で「0mm」を適用すると、同じ形状のパスが作成できます。

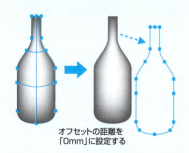

オフセットの距離を「0mm」に設定する

## メッシュを手動作成する

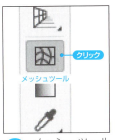
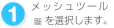

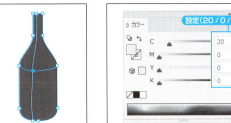

① メッシュツール 🔲 を選択します。

② 塗りの領域をクリックして、メッシュポイントを作成します。

③ メッシュポイントが選択状態のまま、「カラー」パネルで色を設定すると、輪郭からメッシュポイントの色にブレンドするグラデーションになります。

④ 別の場所をクリックして、「カラー」パネルと同じ色のメッシュポイントを追加します。

⑤ Shift キーを押しながらクリックすると、「カラー」パネルの色を適用しないでメッシュポイントを追加します。

P メッシュオブジェクトのカラーは、メッシュポイントに設定します。塗りつぶし*1 で、メッシュパッチ（メッシュポイントに囲まれたエリア）をクリックすると、そこを囲む4つのメッシュポイントにカラーを設定します。

P メッシュポイントのカラーは、「透明」パネルの不透明度も設定できます。

P アウトライン上には、カラー設定に関与しないポイントもあります。

P メッシュポイントが多くなると、画面表示やプリント速度が低下します。メッシュポイントを追加するときは、なるべく数が増えないようにメッシュライン上をクリックします。

## メッシュポイントを移動する

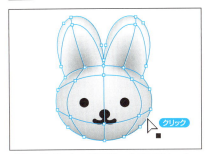

① ダイレクト選択ツール ▷ でメッシュオブジェクトを選択して、メッシュポイントを表示します。

② メッシュポイントをドラッグすると、グラデーションが変化します。

③ メッシュツール 🔲 でもポイントの移動ができます。

*1：スポイトツールを選択して、Altキーを押すと塗りつぶしモードになります。

## メッシュラインに沿って移動する

❶ メッシュオブジェクトを選択して、メッシュポイントを表示します。

❷ メッシュツールでShiftキーを押しながらドラッグすると、片方のメッシュラインに沿ってポイントが移動します。

★ メッシュツールをショートカットで選択するには、英字入力モードでUキーを押します。

## 方向線を調整する

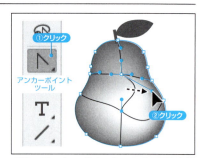

❶ ダイレクト選択ツールでメッシュオブジェクトを選択して、メッシュポイントを表示します。

❷ メッシュポイントをクリックして方向線を表示します。方向線を動かすと、グラデーションが変化します（メッシュツールでも操作できます）。

❸ アンカーポイントツール[*1]を使うと、個別に方向線を動かすことができます。

## メッシュポイントとメッシュラインを削除する

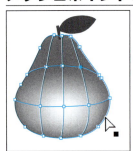
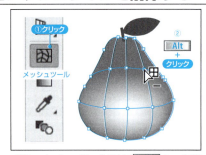

❶ メッシュオブジェクトを選択して、メッシュポイントを表示します。

❷ メッシュツールでAltキーを押しながらメッシュポイントをクリックします。クリックしたポイントに交差する2本のメッシュラインが削除されます。

❸ Altキーを押しながらメッシュラインをクリックして、ラインを1本だけ削除します。

★ アウトラインは削除できません。

*1: CS6 アンカーポイントの切り換えツールを選択します。

# 5-6 ブレンドによるグラデーション表現

## ブレンドでグラデーションを表現する

「線形や円形以外のグラデーションにしたい。でも、グラデーションメッシュの操作は難しくてできない」そんなときはブレンドを使いましょう。
Illustratorにグラデーションやグラデーションメッシュが無かった時代[*1]、ブレンドを使ってグラデーションを表現しました。

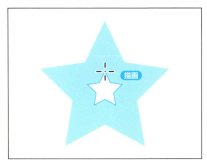

① パスの上にパスを描画します。

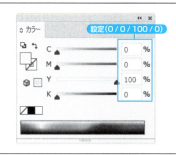

② 「カラー」パネルで背面のパスと違う塗り色を設定します（線は「なし」）。

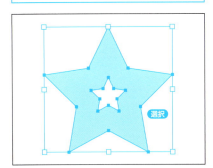

③ 2つのパスを選択します。

④ ［オブジェクト→ブレンド→作成］（Alt＋Ctrl＋B）を選択して、背面から前面のパスに変化するグラデーションを作成します。

2つ以上のパスもブレンドできます。

P ［オブジェクト→ブレンド→ブレンドオプション］で、中間イメージの作り方を設定します。「間隔」は、中間イメージが何段階変化するかを回数や距離で設定します。初期設定の「スムーズカラー」は、滑らかにカラーが変化する回数に自動設定されます。
「方向」は、中間イメージの傾き方を設定します。初期設定の「垂直方向」は、アートボードに対して垂直を保ちます。「パスに沿う」は、ブレンド軸に対して垂直を保ちます。ブレンド軸は、パスと同じようにアンカーポイントや方向線を追加して変形できます。

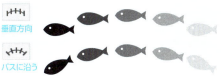

垂直方向

パスに沿う

P ［オブジェクト→ブレンド→拡張］を選択すると、中間イメージがパスに変換されます。

*1：Illustratorでグラデーションが使えるようになったのはVer.5.0から、グラデーションメッシュはVer.8.0からです。

PART05 ▶ P05Task09ai

# グラデーションの練習

## 課題 ⑨

グラデーションでペイントして、「トロピカルドリンク」を作成してください。

☐ グラデーションのカラーを設定できるか？ →分岐点にカラーを設定します。トロピカルな雰囲気が出るように、カラフルな色にしてください。

☐ グラデーションの方向を設定できるか？ → グラデーションツール ■ を使います。

📁 PART05 ▶ 📄 P05Sec07_01.ai

# 5-7 パターンの設定

パターンを使って模様をペイントします。付属プリセットのパターンを利用したり、オリジナルのパターンを作成できます。ビットマップ画像もパターンに登録できるので、リアルな表現も可能です。

## パターンでペイントする

❶ パスを選択します。

❷ 「スウォッチ」パネルの「塗り」*¹ をクリックして、パターンをクリックします。

## パターンだけ回転する

❶ パスを選択して、回転ツール 🔄 ボタンをダブルクリックします。

❷ オプションの「オブジェクトの変形」をオフにして、角度の値を設定します。

❸ 「OK」ボタンをクリックして、パターンの回転を確定します。

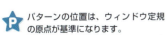 パターンの位置は、ウィンドウ定規の原点が基準になります。
パターンをペイントした後にウィンドウ定規の原点を変更すると、パターンの表示位置が変わるので注意してください。

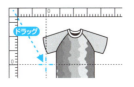

他のツール（拡大・縮小やシアーなど）もオプションの「オブジェクトの変形」をオフにすれば、パターンだけ変形します。

選択するツールや変形するツールは、チルダキー（~）を押しながらドラッグすると、パターンだけ編集できます。

*1：CS6 ツールパネルで「塗り」を選択します。

## ドットパターンを作成する

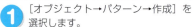

❶ [オブジェクト→パターン→作成] を選択します。

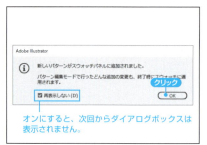

❷ 「OK」ボタンをクリックします。

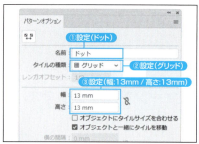

❸ 「パターンオプション」パネルにパターン名を入力して、タイルの種類（グリッド）とサイズを設定します。

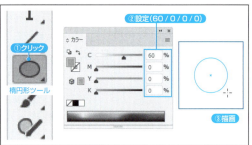

❹ 楕円形ツール ● を使用して、塗り色を設定します。境界線の中心に円を描画します。描画と同時にパターン化したイメージがプレビューされます。

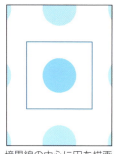
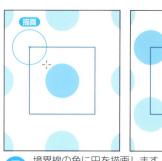

❺ 境界線の角に円を描画します。

Ⓟ パターンタイルの境界線は、ドキュメントウィンドウの中心に表示されます。ドキュメントをスクロールしないで描画したパスをカット＆ペーストすると、タイルの中心に配置できます。

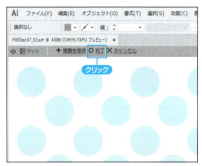

❻ ドキュメントウインドウの左上にある「完了」をクリックします。

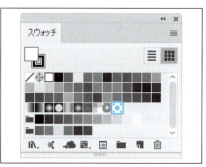

❼ パターンが「スウォッチ」パネルに登録されます。

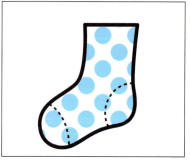

❽ 作成したパターンでペイントしてみましょう。

## レンガパターンを作成する

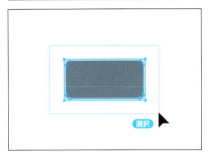

**1** パターン用に作成したパスを選択します。

**2** ［オブジェクト→パターン→作成］を選択します。

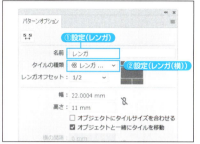

**3** 「パターンオプション」パネルにパターン名を入力して、タイルの種類を「レンガ（横）」に設定します。

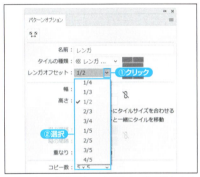

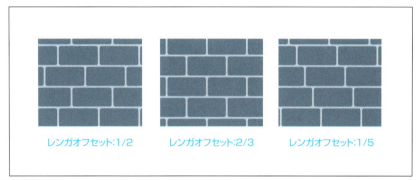

**4** レンガオフセットでレンガの重ね方を指定します。

レンガオフセット：1/2　　レンガオフセット：2/3　　レンガオフセット：1/5

**5** ドキュメントウィンドウの左上にある「完了」をクリックします。

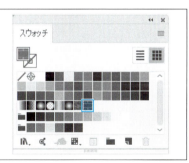

**6** パターンが「スウォッチ」パネルに登録されます。

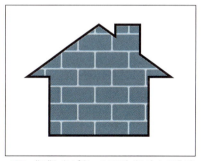

**7** 作成したパターンでペイントしてみましょう。

> パターンは作成したサイズでペイントされます。サイズを変更するときは、拡大・縮小オプションの「オブジェクトの変形」をオフにして、パターンだけ拡大・縮小します。

## うろこパターンを作成する

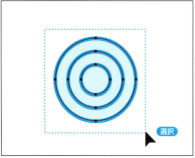
❶ パターン用に作成したパスを選択します。

❷ ［オブジェクト→パターン→作成］を選択します。

❸ 「パターンオプション」にパターン名を入力して、タイルの種類を「レンガ（横）」、レンガオフセット「1/2」、重なり「下を前面へ」に設定します。

❹ 「パターンタイルツール」ボタンをクリックすると、タイルの境界線にハンドルが表示されます。

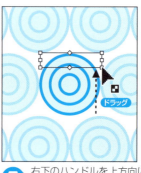
❺ 右下のハンドルを上方向にドラッグして、模様の重なり具合を調整します。

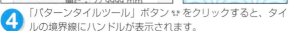

❻ ドキュメントウインドウの左上にある「完了」をクリックします。

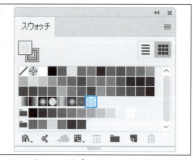
❼ パターンが「スウォッチ」パネルに登録されます。

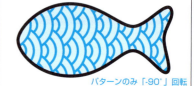
❽ 作成したパターンでペイントしてみましょう。

## 亀甲パターンを作成する

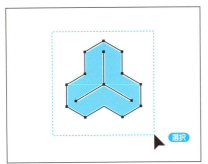
① パスを選択します。

② [オブジェクト→パターン→作成] を選択します。

③ 「パターンオプション」パネルにパターン名を入力して、タイルの種類を「六角形（縦）」に設定します。

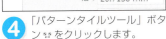
④ 「パターンタイルツール」ボタンをクリックします。

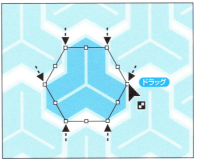
⑤ 頂点のハンドルをドラッグして、模様の角に合わせます。

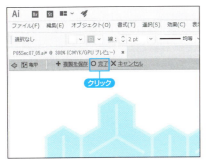
⑥ ドキュメントウインドウの左上にある「完了」をクリックします。

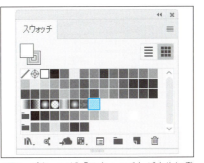
⑦ パターンが「スウォッチ」パネルに登録されます。

⑧ 作成したパターンでペイントしてみましょう。

## イラストパターンを作成する

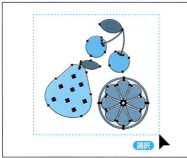
❶ パスを選択します。

❷ ［オブジェクト→パターン→作成］を選択します。

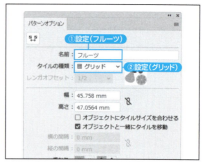
❸ 「パターンオプション」パネルにパターン名を入力して、タイルの種類を「グリッド」に設定します。

❹ 「パターンタイルツール」ボタン をクリックします。

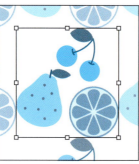
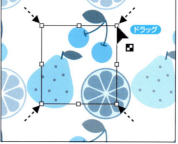
❺ ハンドルをドラッグして、模様の少し内側にタイルの境界線を移動します。

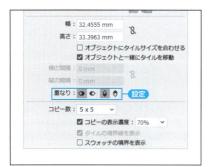
❻ 「重なり」の設定を変更して、タイルの境界線からはみ出した部分の重なり具合を指定します。

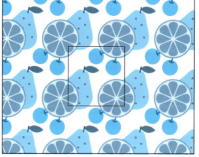

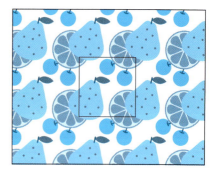

📁 PART05 ▶ 📄 P05Sec07_06.ai

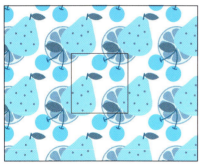

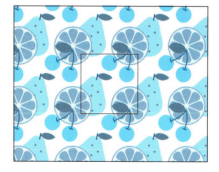

⑦ ドキュメントウインドウの左上にある「完了」をクリックします。

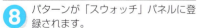

⭐ 作成したパターンを修正するときは、「スウォッチ」パネルのパターンをダブルクリックします。

⑧ パターンが「スウォッチ」パネルに登録されます。

⑨ 作成したパターンでペイントしてみましょう。

⭐ パターンを設定したIllustratorのパスをInDesignにペーストすると、パターンイメージが埋め込みEPS画像になります。

⭐ [ウィンドウ→スウォッチライブラリ→パターン] に付属のプリセットパターンがあります。パネルを開いてパターンを選択すると、「スウォッチ」パネルに追加されます。

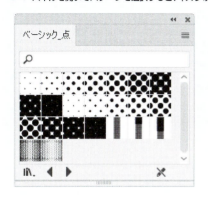

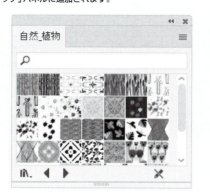

125

## ビットマップ画像でパターンを作成する

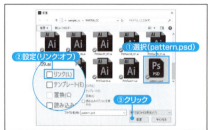

❶ ［ファイル→配置］（ Shift + Ctrl + P ）*¹ を選択します。

❷ 「pattern.psd」を「リンク」オフに設定して、「配置」ボタンをクリックします。
CCはカーソルでクリックした位置やドラッグしたサイズで画像を配置できます。
CS6は、ドキュメントウィンドウの中心に配置されます。

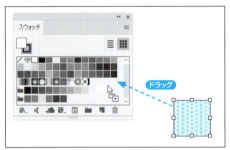
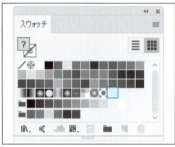

❸ 配置した画像を「スウォッチ」パネルの空いているスペースにドラッグします。

P メニューコマンドを使ってパターンを登録する場合は、［オブジェクト→パターン→作成］を選択します。

P パターンに登録したら、配置した画像は消去してかまいません。

## パターンを差し換える

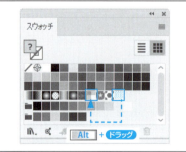

❶ パスは選択しません。

❷ Alt キーを押しながらスウォッチをドラッグして、差し換えたいスウォッチに重ねます。ドキュメント上のパターンが差し換えたパターンに変わります。

P スウォッチのカラーやパターンを差し換えても、スウォッチの名前は変わりません。

P スウォッチ名を変更するときは、「スウォッチオプション」パネルの「名前」に設定します。

P グラデーションやグローバルカラーで塗りつぶしたオブジェクトも、スウォッチを差し換えると新しいパターンに入れ替わります。非グローバルカラーを差し換えた場合は、オブジェクトのカラーは変わりません。

*1： CS6 v.17 ［配置］コマンドのショートカットキーはありません。

# 5-8 画像ブラシ

ブラシ定義でブラシに画像を使用できるようになりました。アート、パターン、散布ブラシに適用できます。

**CS6 非対応**

## 画像ブラシを作成する

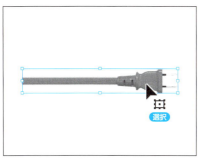

① 画像オブジェクトを選択します。

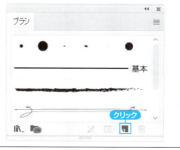

② 「ブラシ」パネルの新規ブラシボタン 🔲 をクリックします。

③ ブラシの種類を選択して「OK」ボタンをクリックします。

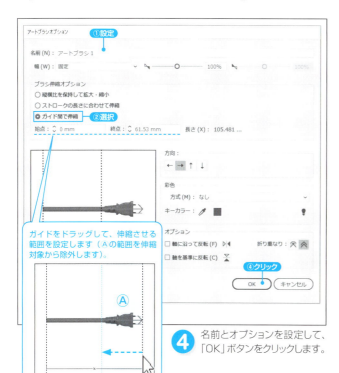

④ 名前とオプションを設定して、「OK」ボタンをクリックします。

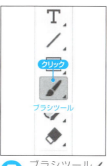

⑤ ブラシツール 🖌 を選択します。

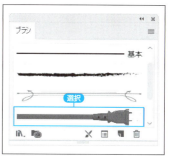

⑥ 「ブラシ」パネルのブラシをクリックします。

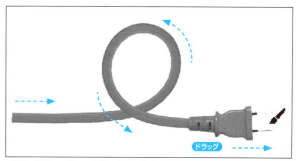

⑦ ドラッグして画像ブラシを適用したパスを描画します。

# 5-9 コーナーの自動生成

PART05 ▶ P05Sec09_01.ai

パターンブラシを作成するとき、サイドのタイルから内角、外角、最初、最後用のタイルを自動生成できます。

CS6 非対応

## パターンブラシの角を自動生成する

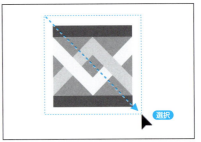

**1** パターン（サイドタイル用）のオブジェクトを選択します。

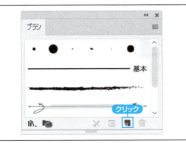

**2** 「ブラシ」パネルの新規ブラシボタン ■ をクリックします。

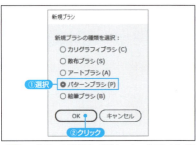

**3** ブラシの種類を「パターンブラシ」に選択して、「OK」ボタンをクリックします。

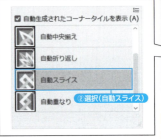

**4** タイルをクリックして、コーナーのデザインを選択したら、「OK」ボタンをクリックします。

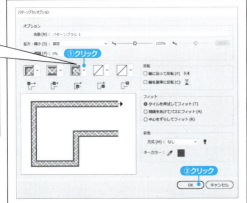

**自動中央揃え**：サイドタイルをコーナーまで延長して、タイルの中央を角に揃えます。

**自動折り返し**：サイドタイルのコピーが1つずつ角の両サイドに配置されるように延長します。角の重なる部分は削除されます。

**自動スライス**：サイドタイルを斜めにスライスして、その部分を結合します。額縁の留め継ぎのようになります。

**自動重なり**：タイルのコピーがコーナーで重なります。

**5** パスを選択して、「ブラシ」パネルのパターンブラシをクリックします。

# パターンの練習

### 課題⑩

塗り絵のように自由にペイントしてください。

☐ パターンの位置を調整できるか？ →「オブジェクトの変形」をオフ、「パターンの変形」をオンにして移動します。
☐ パターンだけ変形できるか？ →「オブジェクトの変形」をオフ、「パターンの変形」をオンにして変形します。
☐ スウォッチに好みのパターンがないときは、スウォッチライブラリから探すかオリジナルパターンを作りましょう。

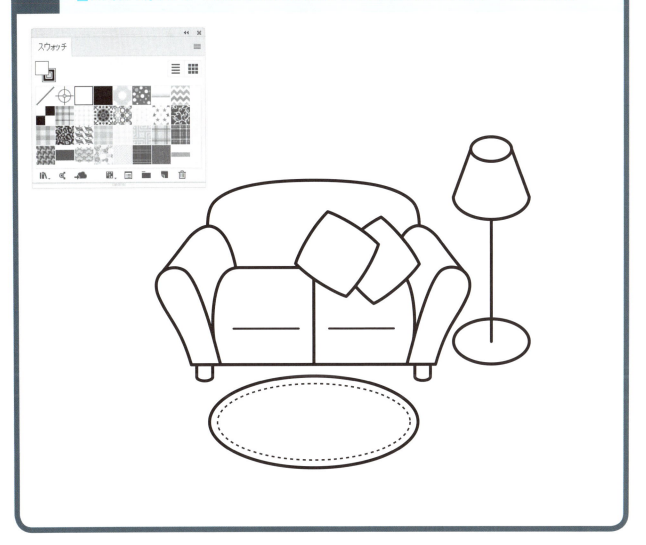

# 10 属性の抽出と適用

スポイトツール でクリックすると、ポインタの先端にあるオブジェクトのアピアランス属性を抽出します。スポイトツール で Alt キーを押しながらクリックすると、コピーした属性を適用できます。抽出・適用する属性は「スポイトツールオプション」ダイアログボックスで設定します。

## スポイトツールで属性を抽出する

① スポイトツール を選択します。

② 抽出するオブジェクトの上でクリックします。

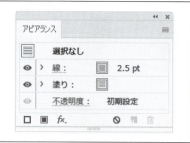

③ 抽出したペイント属性は、「アピアランス」パネルで確認できます。

## 抽出した属性を適用する

④ Alt キーを押して、適用したいオブジェクトの上でクリックします。

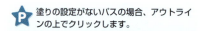

塗りの設定がないパスの場合、アウトラインの上でクリックします。

スポイトツール ボタンをダブルクリックすると、「スポイトツールオプション」ダイアログボックスで抽出（および適用）するアピアランス属性や書式スタイルを設定できます。

## スポイトツールでカラーだけ抽出する

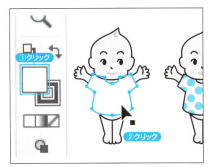

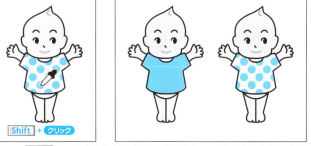

① パスを選択して、ツールパネルの「塗り」ボックスをクリックします（線のカラーを変更する場合は、「線」ボックスをクリックします）。

② スポイトツール で Shift キーを押しながらクリックすると、スポイトの先端にあるカラーが、選択したパスの塗りのカラーに設定されます。

P 「スポイトツールオプション」ダイアログボックスにある「ラスタライズ画像からの抽出」オプションで、指定した範囲の平均的なカラー値をサンプリングできます。写真からカラーを抽出するときに使います。

P ドロップシャドウなどのアピアランス効果を抽出・適用するときは、スポイトツールオプションの「アピアランス」をオンに設定します（初期設定はオフ）。

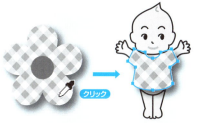

P スポイトツール を押したままポインタを移動すると、ブラウザやデスクトップなどアードボード以外の場所から色を抽出できます。

# オブジェクトを再配色

PART05 ▶ P05Sec11_01.ai

## ハーモニールールで再配色する

「オブジェクトを再配色」コマンドでイラストに適用したカラーを一括して再編集できます。グラデーションやパターンのカラーも編集対象になります。色相を保ったままカラーを変化させたり、スウォッチのカラーグループを配色することもできます。イラストのカラーバリエーションを作るときに便利な機能です。

**1** イラスト（異なる色でペイントした複数のパス）を選択します。

P テキストの色も編集できます。ビットマップ画像は編集できません。

**2** ［編集→カラーを編集→オブジェクトを再配色］を選択します。

P 「コントロール」パネルの ボタンをクリックしても、オブジェクトを再配色を実行できます。

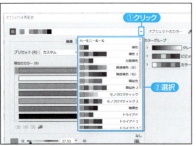

**3** ハーモニールールのリストからカラーグループを選択します。

**4** 「カラー配列をランダムに変更」ボタン や「彩度と明度をランダムに変更」ボタン をクリックすると、カラーグループの配色の順番が変わります。

**5** イラストの色が変わります。

P ハーモニールールのカラーグループは、左端の色(ベースカラー)を基準に生成します。カラーグループのカラーを選択して、「現在のカラーをベースカラーに設定」をクリックすると、ベースカラーが変わります。

P 初期設定では「ホワイト」「ブラック」は再配色の対象外です。「配色オプション」ボタン をクリックして、「保持」をオフにすると再配色の対象に含まれます。

P 初期設定のハーモニーカラーのベースカラーや現在のカラーの順番は、「色相-正方向」の設定です。これは、カラーホイール（「編集」タブで切り替えます）の一番上にある位置から反時計回りの順番です。
「配色オプション」ボタン をクリックして、「ソート」の設定で基準となる色や順番が設定できます。

## 保存したカラーグループで再配色する

① イラストを選択します。

② [編集→カラーを編集→オブジェクトを再配色] を選択します。

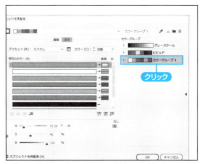
③ 配色したいカラーグループをクリックします。

④ イラストの色が変わります。

🄿 カラーグループの作成は、スウォッチに登録したカラーを選択して「新規カラーグループ」ボタンをクリックする方法と、イラストを選択して「新規カラーグループ」ボタンをクリックする方法があります。ただし、「パターン」「グラデーション」「なし」「レジストレーション」スウォッチはカラーグループに登録できません。

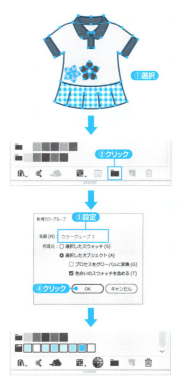

🄿 カラーグループの配色順を変更すると、同じ順番で保存し直すか確認するダイアログボックスが表示されます。
「いいえ」ボタンをクリックしても、再配色したイラストの結果は変わりません。

## 編集モードで再配色する

① イラストを選択します。

② [編集→カラーを編集→オブジェクトを再配色]を選択します。

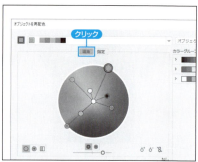
③ 「編集」タブをクリックします。

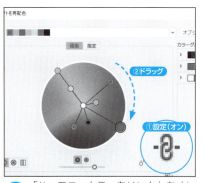
④ 「ハーモニーカラーをリンク」をオンにして、全マーカーの位置関係を保持したままカラーマーカーをドラッグします。

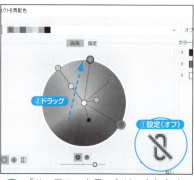
⑤ 「ハーモニーカラーをリンク」をオフに設定すると、ドラッグしたカラーマーカーの色だけ変更できます。

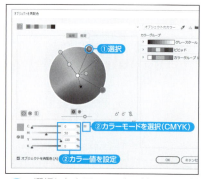
⑥ 選択したカラーマーカーは、下の調整スライダーでも設定できます。

⑦ イラストの色が変わります。

P 「彩度と色相をホイールに表示」をオンにすると、下のスライダーでカラーホイールの明度が調整できます。「明度と色相をホイールに表示」をオンにすると、下のスライダーでカラーホイールの彩度が調整できます。

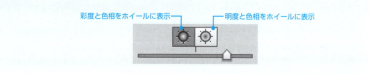

P 調整スライダーのカラーモードは ≡ で設定します。

P 「指定」モードの時も、新規カラーを調整スライダーで設定できます。

## 再配色で減色する

❶ イラストを選択します。

❷ [編集→カラーを編集→プリセットで再配色→1カラージョブ] を選択します。

❸ 「ライブラリ」のプリセットメニューからカラーライブラリを選択して、「OK」ボタンをクリックします。

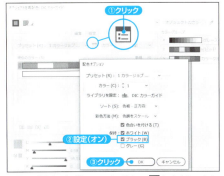

❹ 「配色オプション」ボタンをクリックして、「配色オプション」ダイアログボックスを開きます。「保持」の「ブラック」をオンに設定して、「OK」ボタンをクリックします。

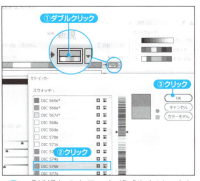

❺ 「新規」のカラーをダブルクリックして、「カラーピッカー」ダイアログボックスを開きます。スウォッチカラーを選択して、「OK」ボタンをクリックします。

❻ 「オブジェクトを再配色」ダイアログボックスの「OK」ボタンをクリックすると、イラストのブラック以外がスポットカラーに変わります。

この作例は、ブラック以外の色を指定したスポットカラーに変換する例です。
プロセスカラーで変換する場合は、❸のライブラリは「なし」に設定します。
ブラックもスポットカラーに変換する場合は、❹の手順を省きます。
墨版1色にする場合は、[編集→カラーを編集→グレースケールに変換] で減色できます。

CC2017以降の「Adobe Colorテーマ」パネルは、最大5色の配色パターンを世界中のデザイナーと共有する機能です。
「Adobe Colorテーマ」パネルは Illustrator、Photoshop、InDesign、After Effectsで使用します。作成したテーマはCreative Cloudライブラリに保存されるので、各アプリで同じカラーテーマを使用できます。

「作成」タブは、オリジナルのカラーテーマを作成します。5色すべてを設定しなくても、ベースカラーを決めて、残りの色をカラールールで自動作成できます。

「探索」タブは公開されたカラーテーマを表示します。
「マイテーマ」タブはライブラリに保存したカラーテーマを表示します。

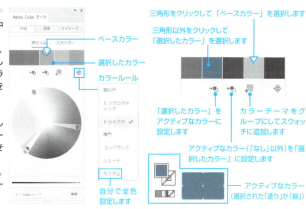

*1: CS6 と v.17 の「Kuler」パネルや CC2014 と CC2015 の「Colorテーマ」パネルとは使用方法が異なります。これまでWebサイトでカラーテーマを編集していましたが、CC2017 から「Adobe Colorテーマ」パネル内で編集できるようになりました。

# 課題⑪ 塗り替えの練習

スポイトツールを使用して、左の観覧車を見本と同じ配色にしてください。

☐ 属性を抽出できるか？ → スポイトツール 🖉 でクリックします。
☐ 抽出した属性を適用できるか？ → Alt キーを押しながらクリックします。
☐ カラーだけ抽出できるか？ → Shift キーを押しながらクリックします。

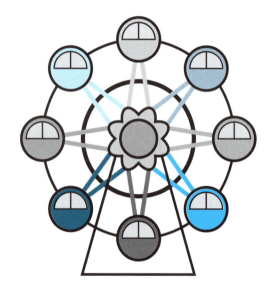

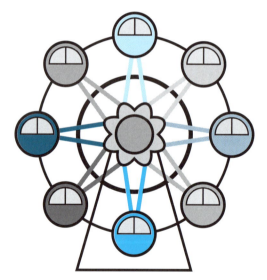

見本

見本のイラストからは抽出しないでください。

# PART 6
## 複数オブジェクトの編集

# 6-1 オブジェクトの前後移動

PART06 ▶ P06Sec01_01.ai

新しく作成したオブジェクトは、古いオブジェクトよりも前面に作られます。オブジェクトが重なると、背面にあるオブジェクトは隠れて見えなくなります[*1]。重なり順の変更は、[オブジェクト→重ね順] にあるコマンドを使います。特定のオブジェクトの前後に移動するときは、[編集→前面へペースト] や [背面へペースト] を使います。

## 前面/背面への移動

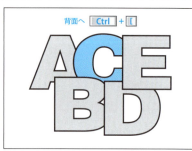

❶ オブジェクトを選択します。

❷ [オブジェクト→重ね順→前面へ]（Ctrl+]）を選択して、オブジェクトを1つ前に移動します。[オブジェクト→重ね順→背面へ]（Ctrl+[）を選択すると、オブジェクトが1つ後ろに移動します。

※効果を確認したら、[編集→取り消し]（Ctrl+Z）を選択して元に戻します。

## 最前面/最背面への移動

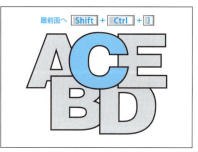

❶ オブジェクトを選択します。

❷ [オブジェクト→重ね順→最前面へ]（Shift+Ctrl+]）を選択して、オブジェクトを最前面に移動します。[オブジェクト→重ね順→最背面へ]（Shift+Ctrl+[）を選択すると、オブジェクトが最背面に移動します。

※効果を確認したら、[編集→取り消し]（Ctrl+Z）を選択して元に戻します。

> **P** イラストを作成するときは、重なり順の変更を頻繁に行います。ショートカットキーを覚えておくと、効率良く作業できます。

> **P** グループ内のオブジェクトに [最前面へ] を適用すると、グループ内の先頭に移動します。選択したオブジェクトが複数のレイヤーにある場合、各レイヤーの先頭に移動します。

*1：前面にあるオブジェクトの塗りや線のカラーを半透明にすると、背面にあるオブジェクトが透けて見えます。

## 前面/背面へペースト

① オブジェクトを選択します。

② [編集→カット]（Ctrl + X）を選択して、オブジェクトをカットします。

③ 基準にするオブジェクトを選択します。

④ [編集→前面へペースト]（Ctrl + F）を選択して、基準にしたオブジェクトの1つ前にペーストします。[編集→背面へペースト]（Ctrl + B）を選択すると、基準にしたオブジェクトの1つ後ろにペーストします。

🅟 [前面/背面へペースト] は、別のドキュメントにペーストするときも同じ座標に配置します。

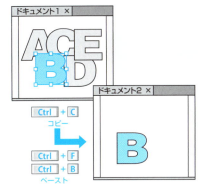

🅟 「レイヤー」パネルメニューの［コピー元のレイヤーにペースト］をオンにすると、コピーしたオブジェクトと同じレイヤーにペーストします。別のドキュメントにペーストする場合は、同じ名前のレイヤーにペーストします。同じ名前のレイヤーがない場合は、新しいレイヤーが作成されます。
オフ（初期設定）の場合は、「レイヤー」パネルでアクティブなレイヤーにペーストします。

🅟 [編集→消去]（Delete）でオブジェクトを消去するとペーストできません。

🅟 [編集→ペースト]（Ctrl + V）でペーストした場合、ドキュメントウィンドウ中央の最前面に配置します。

[編集→同じ位置にペースト]（Shift + Ctrl + V）は、アクティブなドキュメントの同じ位置の最前面にペーストします。

[編集→すべてのアートボードにペースト]（Alt + Shift + Ctrl + V）は、すべてのアートボードに対して同じ位置の最前面にペーストします。

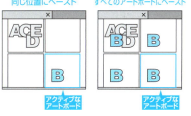

139

# 6-2 オブジェクトのグループ化

オブジェクトをグループ化して、1つのユニットとして扱います。グループをさらに別のグループにネスト（入れ子）して、さらに大きなグループを構成することができます。複数のオブジェクトをグループ化していると、オブジェクトの重なり順や位置関係を固定したまま、まとめて移動や変形ができます。

## オブジェクトをグループ化する

① 複数のオブジェクト（左の男の子イラスト）を選択します。

② ［オブジェクト→グループ］（Ctrl+G）を選択すると、選択したオブジェクトが1つのグループになります。

## グループ同士をグループ化する

① 複数のオブジェクト（右側）を選択して、［オブジェクト→グループ］（Ctrl+G）でグループ化します。

② 左右のグループを選択して、［オブジェクト→グループ］（Ctrl+G）でさらにグループ化します。

---

**P** 重なり合うオブジェクトの一部をグループ化すると、前後関係が変わってイメージが変わることがあります。
グループ化したオブジェクトは、最前面にある選択オブジェクトの背面に順次重ねられ、同じレイヤー上に配置されます。
例えば、「丸→四角→三角」の順で上に重なるオブジェクトのうち、「丸」と「三角」をグループ化すると、「四角→（丸→三角）グループ」に変わります。

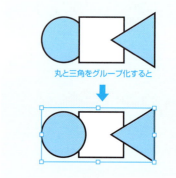

丸と三角をグループ化すると

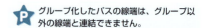

**P** ［個別に変形］コマンドは、グループに適用しても各パスの相対位置を変えないでグループ単位で変形します。

**P** グループ化したパスの線端は、グループ以外の線端と連結できません。

---

豆知識　グループ選択ツールを使用しているときにCtrlキーを押すと、選択ツールに切り替わります。

## グループ化したオブジェクトを選択する

① グループ選択ツール でクリックして、グループ内の1つのオブジェクトを選択します。

② 続けて同じ位置をクリックして、最初にグループ化したオブジェクトを選択します。

③ さらに続けて同じ位置をクリックして、次にグループ化したオブジェクトを選択します。

> 選択ツール ▶ はグループ全体しか選択できません。ダイレクト選択ツール ▷ はグループ単位の選択ができません。グループ選択ツール ▷ はネストしたグループ単位の選択ができます。

## グループ化を解除する

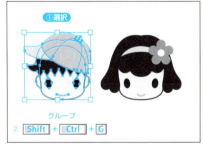

① グループ化したオブジェクトを選択して、[オブジェクト→グループ解除] (Shift + Ctrl + G) を選択します。

② この作例では2度グループ化しているので、もう一度[オブジェクト→グループ解除] (Shift + Ctrl + G) を選択します。

③ グループがすべて解除されたので、選択ツール ▶ で個々のパスを選択できます。

> グループ化したオブジェクトを選択ツール ▶ でダブルクリックすると、グループ以外のオブジェクトをロックして、選択グループだけを編集するモードに切り替わります(グループ化していないオブジェクトをダブルクリックしても編集モードに切り替わります)。グループをネストしている場合、さらにグループをダブルクリックすることで、そのグループの編集モードに切り替わります。
> 編集モードを終了する場合は、「コントロール」パネルの[編集モードを終了]ボタン をクリックする」「ドキュメントウィンドウの左上にある解除ボタン を数回クリックする」「Esc キーを押す」いずれかの操作を行います。

> グループ化したオブジェクトに効果を適用した場合、グループを解除すると効果も解除されます。

# 前後移動の練習

## 課題⑫

バラバラのパーツを移動して「雪だるま」を作成してください。

- □ オブジェクトの重なり順を変更できるか？→ オブジェクトを選択して［オブジェクト→重ね順］から選択します。
- □ ショートカットを覚えよう→ 最前面へ（Shift+Ctrl+]）、前面へ（Ctrl+]）、最背面へ（Shift+Ctrl+[）、背面へ（Ctrl+[）
- □ 特定オブジェクトの前後に配置できるか？→ 基準となるオブジェクトを選択して［前面/背面へペースト］を選択します。

# 複数オブジェクトの選択

PART06 ▶ P06Sec03_01.ai

自動選択ツール は、クリックしたオブジェクトと同じ、あるいは類似するオブジェクトを選択します。なげなわツール は、オブジェクト全体または一部を囲んでアンカーポイントやパスセグメントを選択します。［選択］メニューにあるコマンドは、特定の条件でオブジェクトを選択したり、選択範囲の保存や読み込みを行うことができます。

## 自動選択ツールで選択する

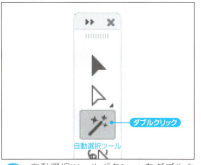

① 自動選択ツールボタン をダブルクリックします。

② 「自動選択」パネルで選択の基準を設定します。

③ クリックしたオブジェクトと、設定したペイント属性に近いオブジェクトを選択します。

P ［選択→共通］メニューにも同様の選択方法がありますが（次ページ参照）、許容値の設定や、属性を組み合わせることができません。

P 例えば、許容値が「20」の場合、M50%のオブジェクトをクリックすると、M30〜70%が選択範囲に含まれます。「0」にすると、同じ設定値のオブジェクトだけを選択します。

P 「自動選択」パネルメニューの［すべてのレイヤーを適用］をオフにすると、クリックしたオブジェクトと異なるレイヤーにあるオブジェクトは選択されません。

## なげなわツールで選択する

① なげなわツール を選択して、選択したい範囲を囲みます。

② 囲んだ内側のアンカーポイントやセグメントを選択します。

P なげなわツール で Alt キーを押しながら選択したアンカーポイントやセグメントを囲むと、選択が解除されます。

143

## 共通のペイント属性で選択する

❶ オブジェクトを選択します。

❷ ［選択→共通］から、選択したい共通の属性を選択します。

❸ 条件に合うオブジェクトを選択します。

| | | | |
|---|---|---|---|
| アピアランス | 選択したオブジェクトと同じアピアランス設定のオブジェクトを選択します。 | カラー（線） | 選択したオブジェクトと同じ線のカラーのオブジェクトを選択します。 |
| アピアランス属性 | 「アピアランス」パネルの属性を設定して、同じ属性のオブジェクトを選択します。 | 線幅 | 選択したオブジェクトと同じ線幅のオブジェクトを選択します。 |
| 描画モード | 選択したオブジェクトと同じ描画モードのオブジェクトを選択します。 | グラフィックスタイル | 選択したオブジェクトと同じグラフィックスタイルのオブジェクトを選択します。リンクを解除したオブジェクトは対象外です（「アピアランス」なら選択できます）。 |
| 塗りと線 | 選択したオブジェクトと同じ塗りと線のオブジェクトを選択します。パターンのサイズや角度、グラデーションの角度を変更していても選択対象に含まれます。 | シェイプ*1 | 選択したライブシェイプと同じ形のライブシェイプを選択します。サイズやアピアランスが異なるオブジェクトも選択対象に含まれます。 |
| カラー（塗り） | 選択したオブジェクトと同じ塗りのオブジェクトを選択します。パターンのサイズや角度、グラデーションの角度を変更していても選択対象に含まれます。 | シンボルインスタンス | 選択したオブジェクトと同じシンボルのシンボルインスタンスを選択します。リンクを解除したオブジェクトは対象外です。 |
| 不透明度 | 選択したオブジェクトと同じ不透明度のオブジェクトを選択します。塗りや線だけに不透明度を設定したオブジェクトは対象外です。 | 一連のリンクブロック | スレッドテキストでリンクしたテキストを選択します。 |

## 共通のオブジェクトを選択する

❶ ［選択→オブジェクト］から、選択したい共通の属性を選択します。
※［同一レイヤー上のすべて］と［方向線のハンドル］を適用する場合のみ、基準となるオブジェクトを選択します。

❷ 条件に合うオブジェクトが選択されます。

*1：CS6 ～ v.17 「シェイプ」はありません。CC2014 は、長方形と角丸長方形だけ選択対象になります。

| | | | |
|---|---|---|---|
| 同一レイヤーのすべて | 選択したオブジェクトと同じレイヤーにあるオブジェクトを選択します。 | クリッピングマスク | クリッピングマスクだけ選択します。 |
| 方向線のハンドル | 選択したパスの方向線をすべて表示します。 | 余分なポイント | プレビューに関係ないポイントだけ選択します。 |
| ピクセルグリッドに未整合 | ピクセルグリッドに整合していないパスだけを選択します。 | すべてのテキストオブジェクト[*1] | テキストだけ選択します。 |
| 絵筆ブラシストローク | 絵筆ブラシで描いたパスだけ選択します。 | ポイント文字オブジェクト[*2] | ポイント文字のテキストだけ選択します。 |
| ブラシストローク | ブラシで描いたパスだけ選択します。 | エリア内文字オブジェクト[*2] | エリア内文字のテキストだけ選択します。 |

## 前面/背面のオブジェクトを選択する

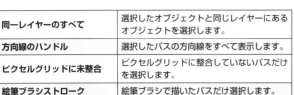

❶ オブジェクトを選択します。

❷ [選択→前面のオブジェクト]（Alt + Ctrl + ]）を選択して、1つ前のオブジェクトを選択します。
[選択→背面のオブジェクト]（Alt + Ctrl + [）を選択すると、1つ後ろのオブジェクトが選択できます。

Ctrl キーを押しながらクリックすると、選択したオブジェクトの背面にあるオブジェクトを選択できます。
同じ位置で Ctrl +クリックを繰り返すと、背面のオブジェクトを順に選択します。

Ctrl +クリックして手を選択します

さらに同じ位置で Ctrl +クリックすると、ホウキの下にあるスカートが選択されます

同じ位置で Ctrl +クリックすると、手の下にあるホウキの柄が選択されます

[選択→すべてを選択]［選択範囲を反転[*3]］［前面／背面のオブジェクト］は、ドキュメント全体にあるオブジェクトが選択対象です。［作業アートボードのすべてを選択］は、作業中のアートボードから選択します。

同じオブジェクトを何度も選択する場合は、［選択→選択範囲を保存］に登録しておくと便利です。
登録した選択範囲は、［選択］メニューの下から選択します。

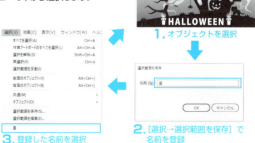

1. オブジェクトを選択

2. ［選択→選択範囲を保存］で名前を登録

3. 登録した名前を選択

＊1： CS6 ［テキストオブジェクト］の表記になります。
＊2： CS6 「ポイント文字オブジェクト」「エリア内文字オブジェクト」はありません。

＊3：未選択のオブジェクトをすべて選択して、選択中のオブジェクトをすべて選択解除します。

# 4 オブジェクトをロック/隠す

オブジェクトを［ロック］すると、選択や属性の変更ができなくなります。オブジェクトを［隠す］と一時的に非表示となり、選択や属性の変更、プリントもできなくなります。複雑なイラストを作成しているとき、編集に関係ないオブジェクトを隠しておけば、誤操作を防ぐと同時にプレビューも速くなります。

## 選択オブジェクトをロックする

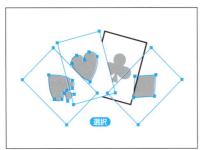

① オブジェクトを選択します。

② ［オブジェクト→ロック→選択］（ Ctrl + 2 ）を選択して、オブジェクトをロックします。ロックしたオブジェクトは編集できないので、誤操作を防ぐことができます。ロックを解除するときは［オブジェクト→すべてをロック解除］（ Alt + Ctrl + 2 ）を選択します。

> 選択したオブジェクトを基準に［前面のすべてのアートワーク］や［その他のレイヤー］もロックできます。

## 選択オブジェクトを隠す

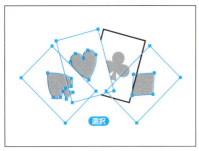

① オブジェクトを選択します。

② ［オブジェクト→隠す→選択］（ Ctrl + 3 ）を選択して、選択したオブジェクトを非表示にします。表示を元に戻すときは［オブジェクト→すべてを表示］（ Alt + Ctrl + 3 ）を選択します。

> ［前面のすべてのアートワーク］や［その他のレイヤー］は、選択したオブジェクトを基準にしてコマンドを実行します。

## 選択の練習

リンゴだけ非表示にしてください。

- ☐ 効率の良い選択方法を考えよう →方法はいろいろあります。オレンジ、グレープ、バナナは選択しやすいようにグループ化してあります。
- ☐ オブジェクトを非表示にできるか？ →オブジェクトを選択して［オブジェクト→隠す→選択］を適用します。

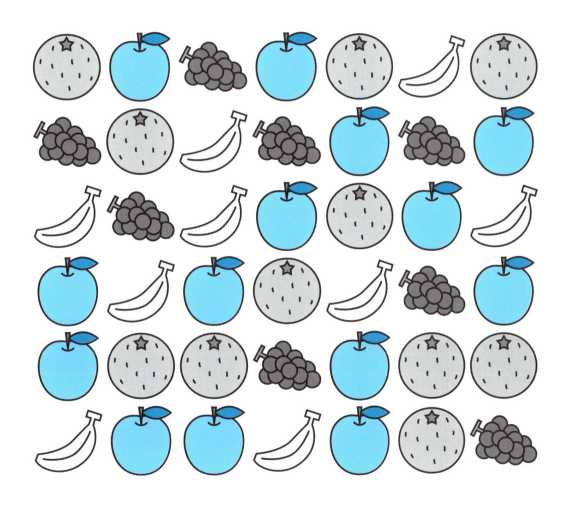

PART06 ▶ P06Sec05_01.ai

# 6-5 マスク処理

複数のオブジェクトを選択して［オブジェクト→クリッピングマスク→作成］を適用すると、最前面のオブジェクトの内側に背面のオブジェクトを表示します。クリッピングマスク（最前面のオブジェクト）は塗りや線の設定が消えますが、後から再設定できます。

## クリッピングマスクを作成する

① ウサギを図の位置まで移動します。

② ウサギとドアガラスを選択します。

③ ［オブジェクト→クリッピングマスク→作成］（ Ctrl ＋ 7 ）を選択します。

④ 最前面にあったドアガラスがクリッピングマスクとなり、ウサギをマスク処理します。

P 選択したオブジェクトの最前面にある形状でマスク処理します。アウトライン化していないテキストもクリッピングマスクとして使用できます。

P マスク処理の解除は、［オブジェクト→クリッピングマスク→解除］（ Alt ＋ Ctrl ＋ 7 ）を選択します。

## クリッピングマスクにペイントする

① すべての選択を解除してから、［選択→オブジェクト→クリッピングマスク］を選択します。

 ツールでクリッピングマスクだけを選択するときは、ダイレクト選択ツール またはグループ選択ツール を使用します。

148

📁 PART06 ▶ 📄 P06Sec05_01.ai

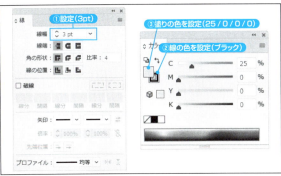

❷ 「線」パネルで線幅（3pt）を設定して、「カラー」パネルで線と塗りの色を設定します（マスク処理する前と同じペイント設定に戻します）。

🅟 クリッピングマスクにペイント設定すると、マスク内のイメージの背面に塗り、前面に線を適用します。

🅟 レイヤー全体をマスク処理する場合は、レイヤーの最前面にパスを作成して「レイヤー」パネルの下にある「クリッピングマスクを作成/解除」ボタンをクリックします。レイヤー全体がマスクグループとなり、後から描画を追加しても自動的にマスク処理されます。

## マスクの中にオブジェクトを追加する

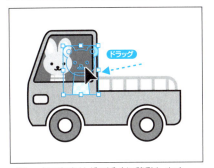

❶ クマをウサギの近くに移動します。

❷ クマに［編集→カット］（Ctrl+X）を適用します。

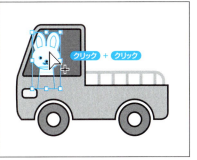

❸ グループ選択ツール を使い、2回クリックしてウサギを選択します。

❹ ［編集→前面へペースト］（Ctrl+F）を選択して、ウサギの前にペーストします。

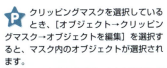

🅟 クリッピングマスクを選択しているとき、［オブジェクト→クリッピングマスク→オブジェクトを編集］を選択すると、マスク内のオブジェクトが選択されます。
逆に、マスク内のオブジェクトを選択しているときに［オブジェクト→クリッピングマスク→マスクを編集］を選択すると、クリッピングマスクが選択されます。

🅟 ウサギの後ろにペーストする場合、［編集→背面へペースト］（Ctrl+B）を選択します。

🅟 マスクしたオブジェクトに整列を適用すると、クリッピングマスクの境界線が整列の基準になります。マスクからはみ出している部分には揃いません。

豆知識　クリッピングパスでマスク処理したPhotoshopの画像をIllustratorのドキュメントに「リンク」オフで配置すると、クリッピングパスでマスク処理した状態で配置されます。ただし、［選択→オブジェクト→クリッピングマスク］を選択してもクリッピングパスは選択されません。「リンク」オンで配置すると、マスクの外側を透明にした画像を配置します。

# 6-6 内側・背面描画

内側描画は、選択したパスの塗りや線の設定を維持したままクリッピングパスに置き換えて、パスの内側に新しいオブジェクトを描画します。
背面描画は、最背面あるいは選択したオブジェクトの1つ背面に配置しながら描画します。

## 内側描画モードで作成する

① パス（魚の輪郭線）を選択します。

② ツールパネルの下にある描画方法ボタン をクリックして「内側描画」を選択すると、選択したパスの周囲に破線が表示されます。

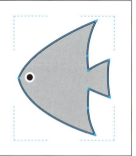

 Shift + D キーを押すと、「標準描画」「背面描画」「内側描画」の順番で描画方法が切り替わります。

③ ［選択→選択を解除］（ Shift + Ctrl + A ）を選択して、パスの選択を解除します。

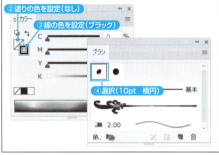

④ ブラシツール を選択して、塗り「なし」、線「ブラック」、「ブラシ」パネルの「10pt 楕円」を選択します。

⑤ はみ出した位置から描いても、パスの内側に描画できます。

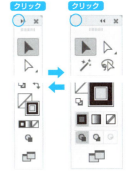

6 描画方法を「標準描画」に変更すると、点線が消えて通常の描画に戻ります。

## 背面描画モードで作成する

1 描画方法を「背面描画」に設定します。

2 楕円形ツール を選択して、塗り「ホワイト」、線「ブラック」、線幅「3pt」に設定します。

3 描画したオブジェクトは、最背面に配置されます。

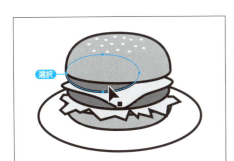
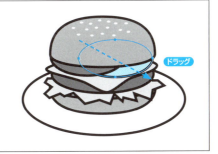

4 パスを選択してから描画すると、選択オブジェクトの1つ背面に配置されます。

5 通常の描画方法に戻るときは、「標準描画」を選択します。

151

# 7 パスに穴をあける

📁 PART06 ▶ 📄 P06Sec07_01.ai

> 複数のパスを複合パスにすると、パスが重なり合う部分に穴をあけることができます。複合パスは1つのパスのように扱うため、パスごとのアピアランス属性を保持することはできません。重なり合う部分に穴をあけるか塗りつぶすかは、「属性」パネルの「パスの方向反転をオフ/オン」で指定します。

## 複合パスの作成

❶ 重なり合うパスを選択します。
※選択する順番は関係ありません。

❷ ［オブジェクト→複合パス→作成］（Ctrl+8）を選択します。

❸ 内側のパスが穴になり、背面のオブジェクトが見えるようになります。

💡 複合パスを解除するときは、［オブジェクト→複合パス→解除］（Alt+Ctrl+8）*1 を選択します。

## 穴の修正

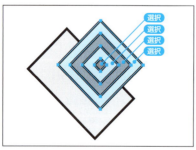
❶ 重なり合うパスを選択します。
※選択する順番は関係ありません。

❷ ［オブジェクト→複合パス→作成］（Ctrl+8）を選択しても、穴があかない場合があります。

💡 異なるアピアランス設定のパスで複合パスを作成すると、最背面にあるパスのアピアランス設定が適用されます。複合パスを解除しても、元の設定には戻りません。

*1： macOS option+shift+⌘+8を押して複合パスを解除します。

📁 PART06 ▶ 📄 P06Sec07_01.ai

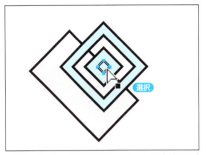

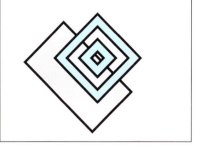

③ ダイレクト選択ツール ▷ で中央のパスを選択します。

④ 「属性」パネルメニューの［すべてを表示］で点線Ⓐから下の項目を表示します。「属性」パネルの「パスの方向反転をオフ/オン」をクリックして、穴のあき方を修正します。

## 自己交差パスの修正

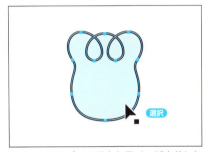

① 1つのパスでアウトラインが交差した部分がある場合、複合パスのように穴をあけることができます。

② 「属性」パネルの「塗りにワインディング規則を使用」■ がオンの場合、交差部分を塗りつぶします。「塗りに奇偶規則を使用」□ がオンの場合、交差部分に穴があきます。

 自己交差パスの線の位置は、下図のようになります。

線を中央に揃える　線を内側に揃える　線を外側に揃える

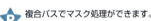 複合パスでマスク処理ができます。

複合パスはパスが重なっていなくても1つのパスとして扱います。この特性を利用して、複数の枠のマスク処理ができます。

テキストをアウトライン化すると、穴があいていなくても複合パスになります。
複合パスのままでは、編集できない機能もあります。状況に応じて［オブジェクト→複合パス→解除］（ Alt ＋ Ctrl ＋ 8 ）[*1]で解除してください。

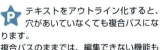

アウトライン化
両方とも複合パスに変換される

＊1： macOS option+shift+⌘+8 を押して複合パスを解除します。

豆知識 Photoshopから読み込んだパスは、「塗りに奇偶規則を使用」が設定されます。「塗りにワインディング規則を使用」に変更しないと、「属性」の方向反転は指定できません。

## マスクと複合パスの練習

**課題⑭**

ゼリービーンズをケースに入れてください。

☐ マスク処理ができるか？ → マスク処理するパスを選択して［オブジェクト→クリッピングマスク→作成］を選択。

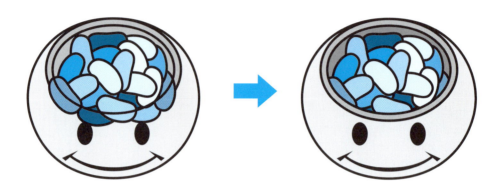

サングラスのレンズを透明にしてください。

☐ 複合パスで穴をあけることができるか？ → 複合パスにするパスを選択して［オブジェクト→複合パス→作成］を選択。

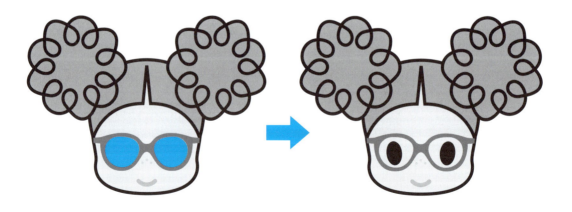

# 6-8 パスファインダー

PART06 ▶ P06Sec08_01.ai

複数のパスを選択して「パスファインダー」パネルのボタンをクリックすると、選択したボタンの効果に従い、パスが交差する部分を統合、分離、分解して新しい形状を作成します。上段にある形状モードボタンを Alt キーを押して複合シェイプで合成すると、元のパスを維持したまま合成したイメージをプレビュー表示できます。

## 合体

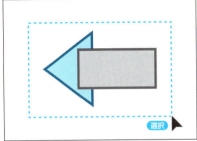

① 複数のパスを選択します。

② 「パスファインダー」パネルの形状モードにある「合体」ボタンをクリックします。

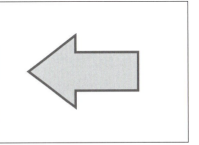

③ 合体したパスに、最前面にあったパスのアピアランス属性を適用します。

P パスファインダーの形状モードをクリックすると、合成した形と同じパスに変換しますが、Alt キーを押しながらボタンをクリックすると、複合シェイプで合成します。
「複合シェイプ」とは、選択したパスの形状を変更しないでプレビュー上だけでイメージを合成する特殊なオブジェクトです。
例えば、三角と長方形を複合シェイプで合体すると、三角と四角形の形を維持したまま矢印の形を編集できます。
複合シェイプで作成したオブジェクトは、「拡張」ボタンをクリックすると、プレビューと同じ形のパスに変換します。

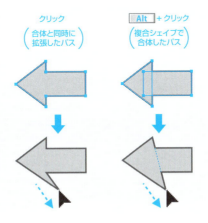

P [効果] メニューのパスファインダーは、「レイヤー内にあるすべてのオブジェクト」「サブレイヤー内にあるすべてのオブジェクト」「グループ内にあるすべてのオブジェクト」「テキストのすべての文字」を対象に適用します。
グループやテキストはオブジェクトを選択して適用できますが、レイヤーとサブレイヤーは「レイヤー」パネルのターゲットアイコンをクリックして適用します。

P 複合シェイプは、パネルメニューの [複合シェイプを解除] を選択すると元の状態に戻りますが、拡張したパスは元に戻りません(「取り消し」や「復帰」コマンドの場合は可能)。

P [効果] メニューの [パスファインダー] カテゴリーにある [濃い混色] と [薄い混色] は、「パスファインダー」パネルにありません。[濃い混色] は、カラーが重なり合う範囲を各々カラー要素の最大値を合わせた色で塗りつぶします。[薄い混色] は、カラーが重なり合う範囲に背面のカラーが透けて見えるような色で塗りつぶします。「パスファインダーオプション」ダイアログボックスで「混合率」を設定します。値を大きくするほど、背面のカラーが透けて見える効果になります。

## 前面オブジェクトで型抜き

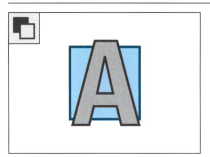
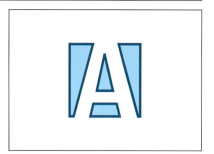

① 複数のパスを選択して、形状モードにある「前面オブジェクトで型抜き」ボタン をクリックします。

② 最背面のパスを前面にあるパスのシルエットで抜いて、最背面にあったパスのアピアランス属性を適用します。

## 交差

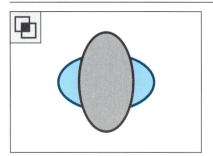
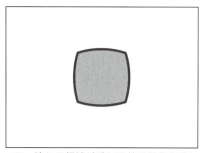

① 複数のパスを選択して、形状モードにある「交差」ボタン をクリックします。

② 塗りの領域が重なる共通部分を残して、最前面にあったパスのアピアランス属性を適用します。

## 中マド

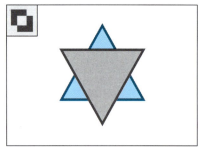
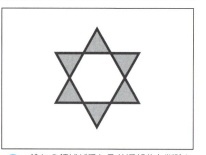

① 複数のパスを選択して、形状モードにある「中マド」ボタン をクリックします。

② 塗りの領域が重なる共通部分を削除して、最前面にあったパスのアピアランス属性を適用します。

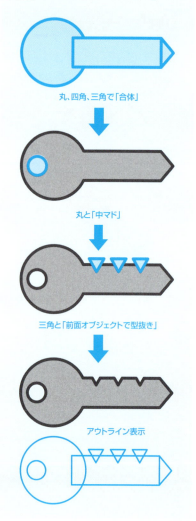

単純な図形を形状モード（複合シェイプ）で組み合わせて、鍵のイラストを作成しましょう。

丸、四角、三角で「合体」

丸と「中マド」

三角と「前面オブジェクトで型抜き」

アウトライン表示

[効果→パスファインダー→トラップ]は、隣接するカラーにわずかな重なりを作成して版ズレを防ぎます。オブジェクトのカラーを変更すると、トラップのカラーも自動的に更新します。「パスファインダー」パネルメニューの［トラップ］は、トラップ部分をオブジェクト化するので自動的に更新されません。

## 分割

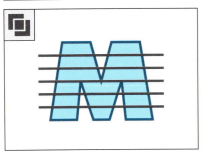
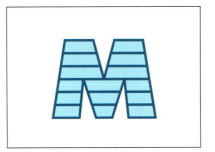
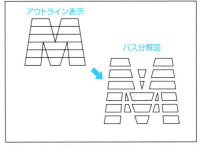

① 複数のパスを選択して、パスファインダーにある「分割」ボタン をクリックします。

② パスで区切った領域を個別のクローズパスに分割します。

③ パスを図のように変換して、グループ化します。

クローズパスの外側で分割したパスは、塗りと線が「なし」になります。

## 刈り込み

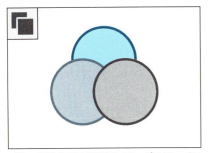

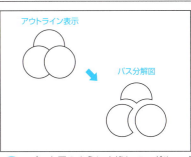

① 複数のパスを選択して、パスファインダーにある「刈り込み」ボタン をクリックします。

② プレビューで見える塗りの領域をアウトライン化します。

③ パスを図のように変換して、グループ化します。

## 合流

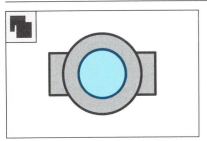
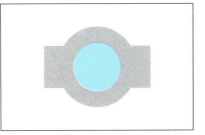
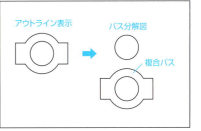

① 複数のパスを選択して、パスファインダーにある「合流」ボタン をクリックします。

② プレビューで見える塗りの領域をアウトライン化します。同じ色が重なるところは合体します。線は「なし」になります。

③ パスを図のように変換して、グループ化します。

## 切り抜き

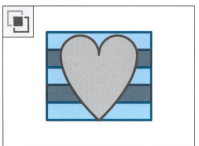

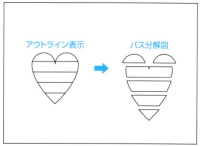

❶ 複数のパスを選択して、パスファインダーにある「切り抜き」ボタン■をクリックします。

❷ 最前面のパスで、背面のパスを型抜きします。背面パスの塗りは変わりませんが、線は「なし」になります。

❸ パスを図のように変換して、グループ化します。

## アウトライン

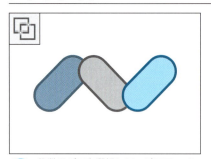

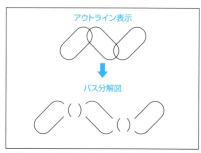

❶ 複数のパスを選択して、パスファインダーにある「アウトライン」ボタン■をクリックします。

❷ 交差する部分でアウトラインを切断します。線幅「0pt」、塗り「なし」になるので、プレビューでは何も見えません。

❸ パスを図のように変換して、グループ化します。

## 背面オブジェクトで型抜き

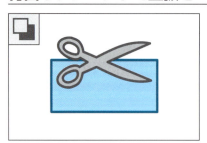
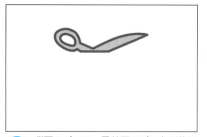
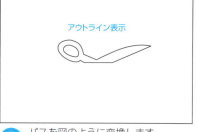

❶ 複数のパスを選択して、パスファインダーにある「背面オブジェクトで型抜き」ボタン■をクリックします。

❷ 背面のパスで、最前面のパスを型抜きします。

❸ パスを図のように変換します。

# 9 シェイプ形成ツール

シェイプ形成ツール は、重なり合う塗りや線の領域を簡単な操作で結合・消去できます。選択したパスにポインタを重ねると、編集対象になる塗りの領域や線の境界が強調されるので、直感的に操作できます。ポインタの右下がプラス（＋）表示のときは結合モードとして、マイナス（－）表示のときは消去モードとして機能します。

### シェイプ形成ツールでパスを結合・消去する

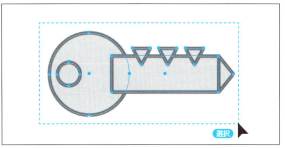

① 編集するパスを選択します。

② シェイプ形成ツール を選択します。シェイプ形成ツール の初期状態は結合モードとして機能します。Alt キーを押すとポインタの右下がマイナス表示になり、消去モードとして機能します。

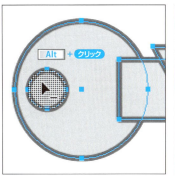 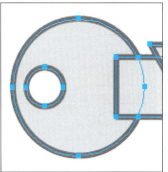

③ Alt キーを押してツールを消去モードにしたら、小さい円をクリックして消去します。

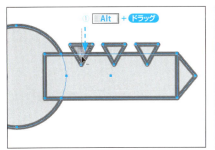 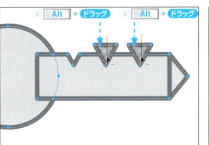 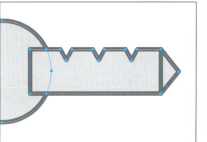

④ Alt キーを押しながら三角形の領域をドラッグして削除します。操作は次ページに続きます。

 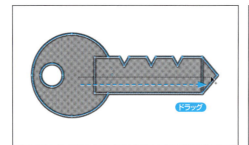 

**5** Alt キーを放して結合モードにします。

**6** 残りのパス全部を通過するようにドラッグして結合します。

> シェイプ形成ツール のボタンをダブルクリックすると、「シェイプ形成ツールオプション」ダイアログボックスが開きます。

「隙間の検出」をオンにすると、選択したパス同士の隙間を埋めてペイントできます。認識する隙間の基準は「隙間の長さ」で指定します。

オプションの「次のカラーを利用：オブジェクト」にすると、次の3つのルールでアピアランス属性を適用します。

1. ドラッグを開始した場所にあるパスのアピアランス属性を結合後のパスに適用します。
2. ドラッグを開始した場所にパスがない場合は、マウスボタンを放した場所のアピアランス属性を適用します。
3. ドラッグを開始したときも放したときもペイント設定がない場合は、最初に選択したオブジェクトのアピアランス属性を適用します。

「次のカラーを利用：スウォッチ」の場合は、最初に選択したオブジェクトの塗りと線が適用され、その他のアピアランス属性は「次のカラーを利用：オブジェクト」と同じルールが適用されます。

「カーソルスウォッチプレビュー」をオンにすると、矢印キーで適用するカラーのスウォッチを切り替えることができます。ただし、最初に選択したオブジェクトのカラーがスウォッチカラーでなければなりません。

線のカラー（スウォッチ）も切り替えたいときは、「結合モードで線をクリックしてパスを分割」をオンにします。

> CC2015以降は、Shaperツール を使用してパスを合成できます。
> シェイプ形成ツール で合成した場合と異なり、元のパス形状を維持します。このオブジェクトは、複合シェイプとも異なる「Shaper Group」という特殊なオブジェクトです。
> Shaper GroupをShaperツール で選択したときに表示される矢印ウィジェットをクリックすると、各オブジェクトを編集できる設計モードになります。
> ただし、パスの形状を変えることができるのはライブシェイプのみで、他のパスは位置の変更しかできません。
> ライブシェイプ以外のパスも変形するときは、選択ツール でShaper Groupをダブルクリックして、編集モードに切り替えます。

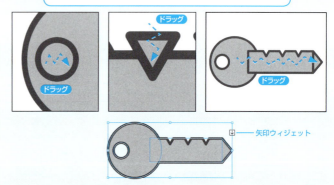

> 消去モードは、パスの境界も削除できます。
> 削除するときはポインタを境界線上に重ねてクリックします。削除する範囲（パスが交差する位置が基準）は、ポインタを重ねたとき、赤い線の強調表示で確認できます。

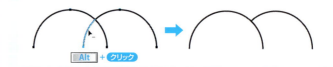

# パスファインダーの練習

パスファインダー機能を使って合成してください。

☐ 右側のイメージと同じ塗り分けができるようにしてください。

PART06 ▶ P06Sec10_01.ai

## 6-10 整列

複数のオブジェクトを指定の軸に沿って整列したり、等間隔に分布させることができます。分布ボタンは、「整列」パネルのオプションを表示しないと選択できません。整列する基準（選択範囲に整列、アートボードに整列、キーオブジェクトに整列）もオプションで設定します。

### 選択範囲に整列

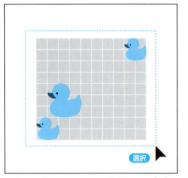

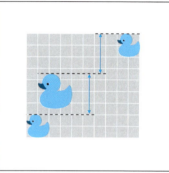

① 選択ツール ▶ で複数のオブジェクト（アヒルたち）を選択します。
※グリッドは選択されません。ロックした「解説」レイヤーにあるオブジェクトです。

② 「整列」パネルメニューの [オプションを表示] で点線「a」から下の項目を表示します。
「整列」オプションを「選択範囲に整列」に設定して、「オブジェクトの分布」にある「垂直方向上に分布」ボタン をクリックします。
選択した各オブジェクトの上端を基準に、均等になるように分布します。
※アヒルごとにグループ化しているので、グループ単位で整列します。

### アートボードに整列

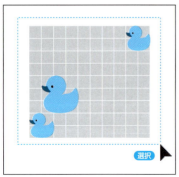
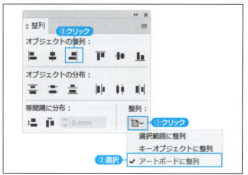

① 選択ツール ▶ で複数のオブジェクトを選択します。

② 「整列」パネルの「整列」オプションを「アートボードに整列」に設定して、「オブジェクトの整列」にある「水平方向右に分布」ボタン をクリックします。
アートボードの右端にオブジェクトが整列します。

## キーオブジェクトに整列

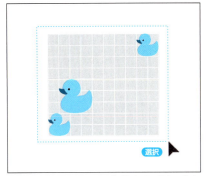

① 選択ツール ▶ で複数のオブジェクトを選択します。

② 選択した複数のオブジェクトの1つをクリックして、整列の基準となるオブジェクトを選択して指定します。クリックしたオブジェクトがキーオブジェクトになり、輪郭に青い太い線が表示されます。

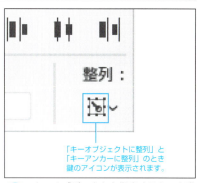

③ キーオブジェクトを指定すると、自動的に「整列」オプションが「キーオブジェクトに整列」になります。

👉 ダイレクト選択ツール ▷ で Shift キーを押しながら複数のアンカーポイントをクリック（マーキー選択は不可）すると、最後に選択したキーアンカーに揃えることができます。

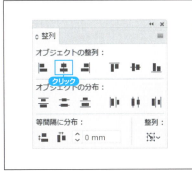

④ 「整列」パネルの「オブジェクトの整列」にある「水平方向中央に整列」ボタン ♯ をクリックします。

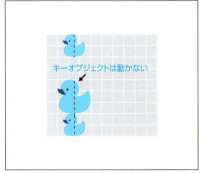

⑤ キーオブジェクトを基準に水平方向中央に整列します。

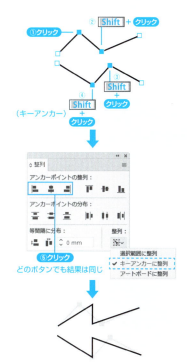

👉 キーオブジェクトを解除する場合は、再度クリックするか、パネルメニューの［キーオブジェクトをキャンセル］を選択します。

👉 パネルメニューにある［プレビュー境界を使用］をオンに設定すると、線幅やラスタライズ効果を含むプレビューイメージに合わせて整列します（オフの場合はアウトラインに合わせて整列します）。

👉 アートボードが重なっている場合、［アートボードに整列］はウィンドウ左下にあるアートボード番号か、「アートボード」パネルで選択したアートボードで整列します。

アートボード番号

## 等間隔に分布（数値入力）

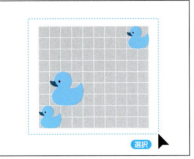
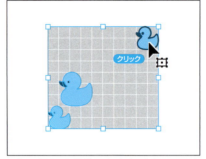
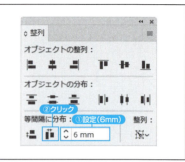

❶ 選択ツール ▶ で複数のオブジェクトを選択します。

❷ 選択した複数のオブジェクトの1つをクリックして、整列の基準となるキーオブジェクトを選択して指定します。

❸ 「整列」パネルの「等間隔に分布」オプションの間隔（6mm）を設定して、「水平方向等間隔に分布」ボタン を クリックします。

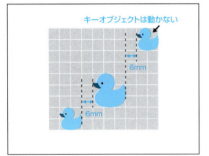

❹ キーオブジェクトから6mm間隔で水平方向にオブジェクトが分布します。

⭐ オブジェクトを隙間なくピッタリ並べたいときは、間隔を「0mm」に設定します。

⭐ 「ピクセルグリッドに整合」がオンのオブジェクトは、整列の位置が少しズレることがあります。「ピクセルグリッドに整合」のオン／オフは、オブジェクトごとに設定します。CS6からCC2015までは「変形」パネルで設定します。CC2017以降は「コントロール」パネルの右にあるボタンで設定します。新規ドキュメントのプロファイルを「Web」にすると、作成するオブジェクトは自動的に「ピクセルグリッドに整合」がオンになります。

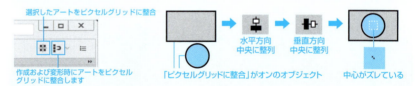

## 等間隔に分布（自動）

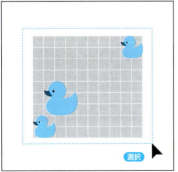

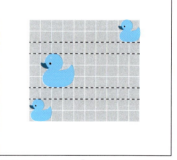

❶ 選択ツール ▶ で複数のオブジェクトを選択します。

❷ 「整列」パネルの「整列」オプションを「選択範囲に整列」に設定して、「垂直方向等間隔に分布」ボタン をクリックすると、垂直方向の端にあるオブジェクトは移動しないで、間にあるオブジェクトが等間隔に並びます。

※「アートボードに整列」で分布した場合は、オブジェクトがアートボードの端まで広がって、等間隔に並びます。

# 整列の練習

整列機能を使ってオブジェクトを揃えてください。

□ グループ化すると、1つのユニットとして整列できます。

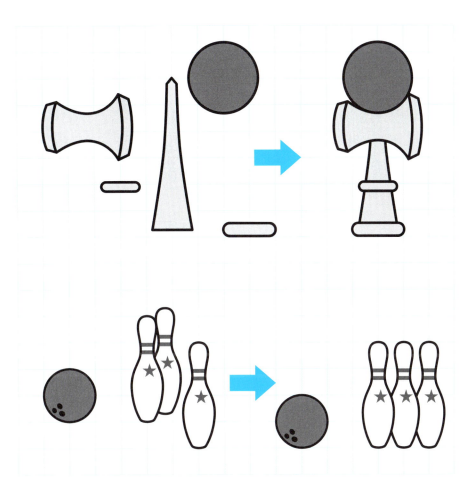

# 6-11 ガイド

ガイド機能はオブジェクトを揃えるときに便利です。スマートガイドは、移動や描画をするとき一時的に操作をアシストします。定規やパスから作成するガイドは、印刷されないオブジェクトとしてアートボードに配置できます。グリッドを使用するときは、「環境設定」でグリッドのサイズを設定します。

## スマートガイドで揃える

① ［表示→スマートガイド］（Ctrl＋U）をオンにします。

② 直線ツール／を選択して、ポインタとお尻の高さが一致したときに表示されるガイドに沿ってドラッグします。描画した水平線は、［オブジェクト→重ね順→最背面］（Shift＋Ctrl＋[）を適用します。

※スマートガイドに沿ってゆっくりドラッグすれば、Shiftキーを押さなくても水平線を作成できます。

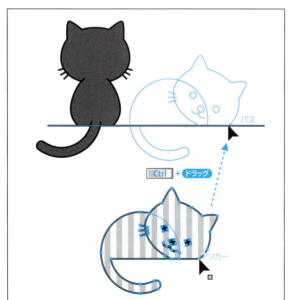

③ 縞ネコを選択して、「アンカー」のヒント表示が出る位置にポインタを合わせます。Ctrlキーを押しながらドラッグして、ポインタが水平線にスナップしたらマウスボタンを放します。

P オブジェクトをドラッグしているときのガイドは、選択オブジェクト全体の端や中心点を基準にガイドを表示します。Ctrlキーを押しながらドラッグすると、ポインタの先端を基準にガイドを表示します。

スマートガイドのオプション設定は、「環境設定」で行います。

オンにすると、選択できるオブジェクトをレイヤーカラーでハイライト表示します。

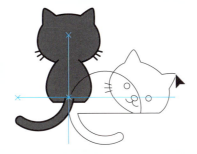

オンにすると、周囲のオブジェクトやアートボードに揃えるためのガイドを表示します。

オンにすると、アンカーポイントやパス（セグメント）など、基準となる位置にポインタの先端がスナップしているときヒント情報を表示します。

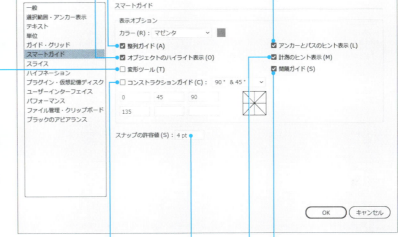

オンにすると、拡大・縮小、回転、シアーの変形中にガイドを表示します。
例えば、拡大・縮小ツールで Shift キーを押さなくても、ガイドのラインに沿って縦横比を固定した変形ができます。

※「アンカーとパスのヒント表示」をオンにして、ヒント情報も表示しています。

ポインターがどれだけオブジェクトに近付くとスマートガイドが機能するか設定します。

オンにすると、新しいパスを描くときにガイドを表示します。表示するガイドの角度を最大6つ設定できます。

オンにすると、オブジェクト同士の間隔が均等になる位置でガイドを表示します（CC2015以降）。

オンにすると、ポインタの座標や変形したときのサイズや角度のヒント情報を表示します。

「スマートガイド」がオフの場合、ロックされたオブジェクトには「ポイントにスナップ」が機能しません。「スマートガイド」がオンの場合は、ロックされたオブジェクトのポイントにもスナップします。

## 定規からガイドを作成する

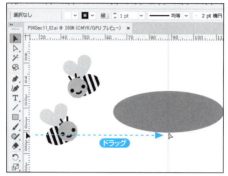
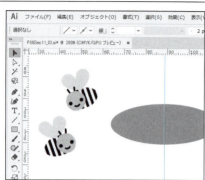

❶ ［表示→定規→定規を表示］（ Ctrl + R ）を選択します。

※ここからは、スマートガイドをオフにして作業します。

❷ ポインタの先端を定規に重ねてから、ガイドを作成する位置までドラッグします。ポインタの先端がアンカーポイントに重なると白くなります。

> ［表示→定規→ビデオ定規を表示］を選択すると、アクティブなアートボードの外側にピクセル単位の目盛りが表示されます。

> ウィンドウの左側の定規からは垂直線、上側からは水平線を作成します。また、ドラッグ中に Alt キーを押すと、垂直・水平が入れ替わります。

> ガイドの線はプリントされません。ガイドの色とスタイル（実線または点線）は、「環境設定」の［ガイド・グリッド］で設定できます。

> 定規が交差する正方形の上で右クリック[*1]して、定規の単位を設定できます。

## パスからガイドを作成する

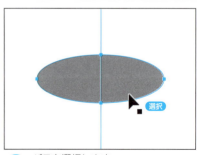

❶ パスを選択します。

❷ ［表示→ガイド→ガイドを作成］（ Ctrl + 5 ）を選択します。

> ［表示→ガイド→ガイドをロック］をオフにして、ガイドを選択してから［表示→ガイド→ガイドを解除］を適用すると、元のパスに戻ります。
> また、 Alt + Ctrl + Shift キーを押しながらガイドをダブルクリックしても解除できます。

＊1： macOS 1ボタンマウス使用時はcontrolキーを押しながらクリックします。

## ガイドに揃える

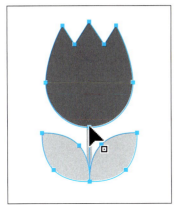
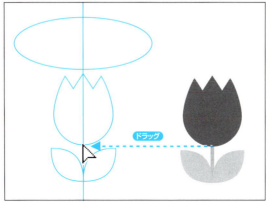

① オブジェクトを選択して、ガイドに合わせる位置にポインタの先端を重ねます。

② ガイドにスナップするところまでオブジェクトをドラッグします。

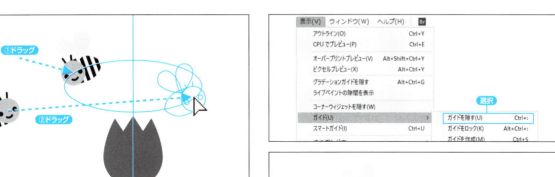

③ ハチは楕円のガイドを参考に、チューリップのまわりを飛んでいるような位置に移動します。

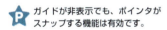
ガイドが非表示でも、ポインタがスナップする機能は有効です。

[表示→ガイド→ガイドをロック]をオフにすると、ガイドを選択して移動できます。選択したガイドは Delete キーで削除できます。
[表示→ガイド→ガイドを消去]を選択すると、作成したすべてのガイドが消えます。

④ [表示→ガイド→ガイドを隠す]（ Ctrl + ; ）を選択すると、ガイドが非表示になります。

## グリッドを作成する

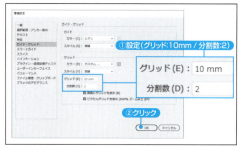

ウィンドウ定規とアートボード定規の切り換えは、定規が交差する正方形を右クリック*1 して表示するメニューでも操作できます。グリッドの原点を変更すると、オブジェクトに設定したパターンの位置が変わるので、注意してください。正方形をダブルクリックすると、グリッドの原点が初期設定に戻ります。

❶ ［表示→グリッドを表示］を選択して、グリッドを表示します。

❷ ［環境設定］の［ガイド・グリッド］を選択して、「グリッド」のサイズと「分割数」を設定します。

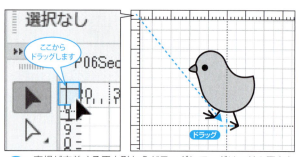

❸ ［表示→定規→定規を表示］（Ctrl + R）を選択します。［表示→定規→ウィンドウ定規に変更］*2（Alt + Ctrl + R）を選択します。

❹ 定規が交差する正方形からドラッグして、グリッドの原点を足の先端にあるアンカーポイントに合わせます。

## グリッドに揃える

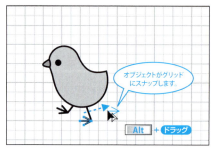

❶ ［表示→グリッドにスナップ］（Shift + Ctrl + ¥）をオンにします。

❷ グループ選択ツールで足を選択します。ポインタを足の先端のアンカーポイントに合わせて、Alt キーを押しながらドラッグして足跡を複製します。
※複製しないで移動するときは、Altキーを押しません。

📌 ［表示→ピクセルプレビュー］がオンの場合、［グリッドにスナップ］は［ピクセルにスナップ］に変わります。

📌 ［グリッドにスナップ］がオンのときは、［表示→グリッドを隠す］で非表示にしてもグリッドにスナップする機能は有効のままです。

📌 グリッドにスナップする機能はスマートガイドよりも優先されます。スマートガイドを使うときは、必ず［グリッドにスナップ］をオフに設定してください。

*1： macOS 1ボタンマウス使用時はcontrol キーを押しながらクリックします。
*2：アートボード定規を表示する設定のときは、グリッドの原点を変更できません。

## 課題⑰ ガイドの練習

ガイド機能を使って、クレヨンを「あか」と同じ長さに揃えてください。

- 定規のガイドで揃えることができるか？ → ［表示→定規を表示］を選択して、「あか」の先端に合わせた水平ガイドを作成します。
- スマートガイドで揃えることができるか？ → ［表示→スマートガイド］をオンにします。

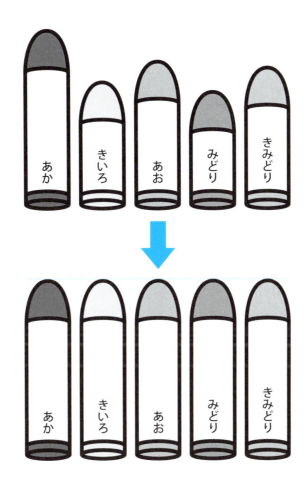

# 6-12 個別に変形

複数のオブジェクトに対して、拡大・縮小、移動、回転、反転の変形を同時に適用することができます。
「ランダム」オプションをオンにすると、オブジェクトごとに設定値を変えて不規則に変形します。

📁 PART06 ▶ 📄 P06Sec12_01.ai

## 個別に変形する

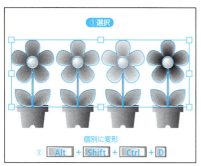

**①** オブジェクトを選択して、[オブジェクト→変形→個別に変形]（Alt + Shift + Ctrl + D）を選択します。

**②** 各オブジェクトの変形の中心となる基準点を設定して、各項目に値を設定します。

**③** 「OK」ボタンをクリックして変形を確定します。

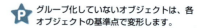

💡 グループ化していないオブジェクトは、各オブジェクトの基準点で変形します。

## ランダムに変形する

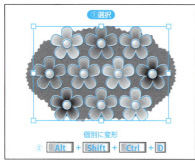
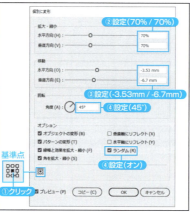

**①** オブジェクトを選択して、[オブジェクト→変形→個別に変形]（Alt + Shift + Ctrl + D）を選択します。

**②** 各項目を設定して、「ランダム」をオンにします。

**③** 「OK」ボタンをクリックして変形を確定します。

💡 「ランダム」のオン／オフを切り替えるたびに結果が変わります。「プレビュー」をオンにして、ちょうどいい結果になったら「OK」ボタンをクリックします。

# PART 7

## 文字の入力と編集

# 1 文字の入力

文字入力には3つの方法があります。クリックした位置から入力した分だけ文字列が伸長する「ポイント文字」。枠で囲んだ範囲に入力する「エリア内文字」。オープンパスまたはクローズパスに沿って入力する「パス上文字」です。

## クリックした位置から文字を入力する（ポイント文字）

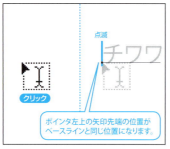

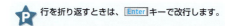

❶ 文字ツール T を選択して、入力する位置でクリックします。縦書きの文字を入力するときは、文字（縦）ツールを選択します。

P CC2017以降は、「環境設定」の [テキスト] にある「新規テキストオブジェクトにサンプルテキストを割り付け」をオフにしてから操作してください。

❷ カーソルが点滅したら、文字を入力します。入力の操作を終了するときは、Ctrl キーを押しながら何もないところをクリックするか、Esc キーを押す、あるいは [選択→選択を解除]（Shift + Ctrl + A）を選択します。

P 行を折り返すときは、Enter キーで改行します。

## ドラッグで作成したテキストエリアに文字を入力する（エリア内文字）

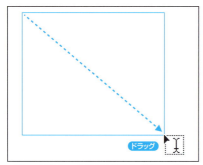
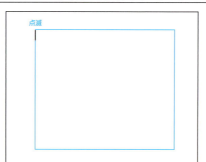
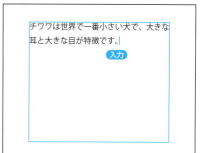

❶ 文字ツール T で斜めにドラッグします。縦書きの文字を入力するときは、文字（縦）ツールでドラッグします。

❷ カーソルが点滅したら、文字を入力します。テキストエリアの端まで入力すると、自動的に行を折り返します。

## 数値指定で作成したテキストエリア内に文字を入力する

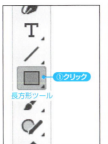 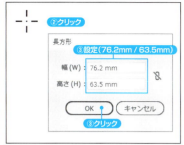 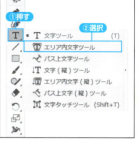 

① 長方形ツール ■ でサイズ（76.2mm×63.5mm）*1 を指定した長方形のパスを作成します。

② エリア内文字ツール のポインタをパスに重ねてクリックします。縦書きの文字を入力するときは、文字（縦）ツールを選択します。

③ カーソルが点滅したら、文字を入力します。

P 「環境設定」の［スマートガイド］にある「計測のヒント表示」がオンのときは、文字ツールのドラッグ中にテキストエリアのサイズを確認できます。

P 複合パスやマスク以外のパスなら、どんな形状でもテキストエリアになります。

P クリックした位置に関係なく、横組みはパスの左上、縦組みはパスの右上から文字を入力します。

P 文字ツール T でパスをクリックしても、パスの内側にテキストを入力できます。

P CCは、クリックで入力したポイント文字とドラッグで入力したエリア内文字の切り替えができます。選択ツール ▶ でテキストを選択して、バウンディングボックスの丸いウィジェット（エリア内文字は黒丸、ポイント文字は白丸）をダブルクリックすると交互に変換されます。

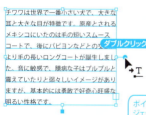 

ポイント文字のウィジェットに重ねたときのポインタ

## テキストを読み込む

※CS6は、文字ツールでテキストエリアを先に作成してから［配置］コマンドを選択してください（次ページのポイントを参照）。

① ［ファイル→配置］（ Shift ＋ Ctrl ＋ P ）を選択します。

② 「配置」ダイアログボックスが開いたら、テキストファイル（textdata.txt）を選択して、「配置」ボタンをクリックします。

③ 「テキスト読み込みオプション」ダイアログボックスの「文字セット」を「Shift JIS」に設定して、「OK」ボタンをクリックします。

*1：12ptの文字が18文字9行分入力できるサイズです。

📁 PART07 ▶ 📄 P07Sec01_01.ai

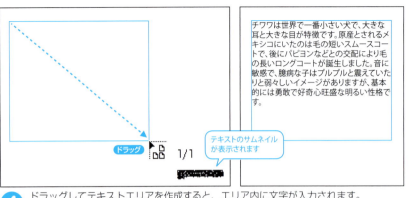

④ ドラッグしてテキストエリアを作成すると、エリア内に文字が入力されます。

P CS6は、「テキスト読み込みオプション」ダイアログボックスの「OK」ボタンをクリックすると、テキストが自動で配置されます。テキストエリアを先に作成して、文字を入力できる状態にした状態で［配置］コマンドを実行すると、任意のエリア内にテキストを配置できます。

① 文字ツールでテキストエリアを作成して、テキストエリア内でカーソルが点滅した状態にする。

② ［ファイル→配置］でテキストファイルを選択する。

③ 「テキスト読み込みオプション」ダイアログボックスの「文字セット」を「Shift JIS」に設定して「OK」ボタンをクリックする。

P CC2014以降は、「配置」コマンドをショートカットで実行できます。

  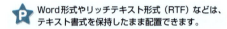

豆知識 配置コマンドで次の形式のテキストが読み込み可能です。Microsoft Word for Windows 97、98、2000、2002、2003、2007 ／ Microsoft Word for Mac OS X、2004、2008 ／リッチテキスト形式（RTF）／ ANSI、Unicode、Shift JIS、GB2312、繁体中国語（Big 5）、キリル文字、GB18030、ギリシャ語、トルコ語、バルト語、中央ヨーロッパ言語エンコーディングを使用したプレーンテキスト（ASCII）

## パスに沿って入力する（パス上文字）

① パス上文字ツール でパスの上をクリックします。

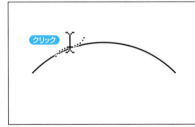

② カーソルが点滅したら、文字を入力します。

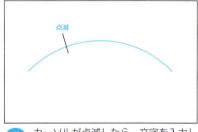

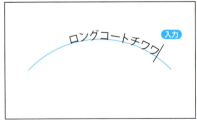

③ 入力した文字がパスの形状に沿ってカーブします。

P パスに沿った入力は、クローズパスにも適用できます。

P 文字ツール T をパスに重ねると、自動でパス上文字ツールに切り替わります。

P パスに沿って入力する文字の方向は、描画したパスの始点から終点方向になります。方向を変えるときは、パス上文字オプションの反転で切り替えます。

 パス上文字に使用したパスに塗りや線を設定できます。ダイレクト選択ツールでパスだけ選択して設定します。

## パス上文字を移動する

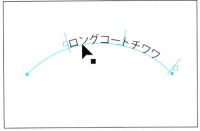

① パス上に作成したテキストを選択します。

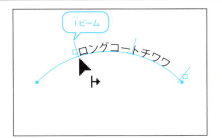

② 文字の先頭のIビームをドラッグして、文字の位置を変更します。

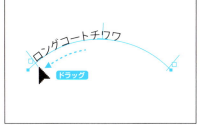

## パス上文字の向きを変える

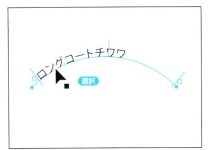

① パス上文字を選択します。

② ［書式→パス上文字オプション］からいずれかの効果を選択します。

> ［書式→パス上文字オプション→パス上文字オプション］で文字の位置、流れ、カーブ上の文字間隔を設定します。

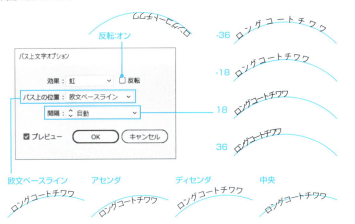

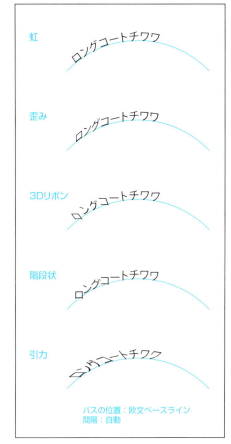

# 7-2 文字の編集

文字を編集するときは、ワープロソフトと同じように編集する範囲を選択します。テキスト全体の書式を編集するときは、選択ツール ▶ で選択してもかまいません。文字の書式は「文字」パネル、段落の書式は「段落」パネルで設定します。タブを使って位置を揃えるときは、「タブ」パネルで設定します。

## 文字を追加する

① 文字ツール T を追加する位置に合わせてクリックします。

② カーソルが点滅したら、文字を入力します。

> 選択ツール ▶ で文字オブジェクトをダブルクリックすると、ポインターの場所にカーソルを挿入して、文字ツール T に切り替わります。例えばペンツール 🖋 を使用しているときでも、 Ctrl キーで選択ツール ▶ に切り替えれば、文字オブジェクトをダブルクリックして文字ツール T に切り替わります。

> 文字ツール T で単語の先頭をダブルクリックすると単語を選択します。トリプルクリックすると段落全体を選択します。

## 文字列を修正する

① 文字ツール T で修正する範囲をドラッグします。

② 差し替える文字を入力します。

## フォントの設定（全体を設定する）

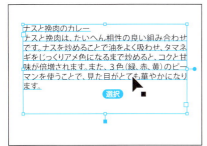

❶ 選択ツール ▶ でテキストを選択します。

❷ 「文字」パネルでフォントファミリとフォントスタイルを設定します。
※「小塚明朝 Pro」が無い場合、適当なフォントを選択してください。

🅟 一度メニューから選択したフォントファミリは、Illustratorを終了するまで［書式→最近使用したフォント］から選択できます。

## フォントの設定（一部分を設定する）

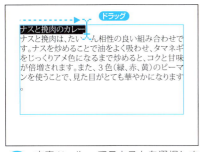

❶ 文字ツール T でテキストを選択します。

❷ 「文字」パネルでフォントファミリとフォントスタイルを設定します。
※「小塚ゴシック Pro」が無い場合、適当なフォントを選択してください。

🅟 「文字」パネルで設定するオプションは、選択した範囲の文字に適用します。
　選択ツール ▶ でテキストオブジェクトを選択すると、すべての文字が適用対象になります。
　文字ツール T でテキストの一部を選択すると、その範囲だけに設定を適用します。

🅟 「文字」パネルから選択する以外にも、次のいずれかの操作でフォントを設定できます。
- ［書式→フォント］から選択
- 「コントロール」パネルのフォントオプションから選択 🅐
- 右クリック[*1] してコンテクストメニューから選択 🅑
- 「プロパティ」パネルのフォントオプションから選択 🅒
  （CC2018）

CC2018 は、選択中のテキストにポインタを合わせたフォントをリアルタイムでプレビューします[*2]。

*1： macOS  1ボタンマウス使用時はcontrolキーを押しながらクリックします。
*2：「環境設定」の［テキスト］にある「フォントプレビュー」のチェックを外すと、ライブプレビュー機能は無効になります。

## サイズと行送りの設定

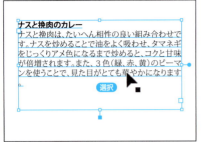
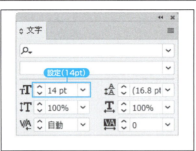

① 選択ツール ▶ でテキストを選択します。

一部の文字に適用する場合は、文字ツール T で対象の文字を選択します。

② 「文字」パネルにある「フォントサイズを設定」に値を入力するか、ポップアップメニューから値を選択します。

文字サイズや行送りは、ショートカットキーでも設定できます。増減値は「環境設定」の [テキスト] で設定します（186 ページ参照）。

文字サイズを大きく： Shift + Ctrl + ＞ （ Alt キーを追加すると、5 倍の値で増減します）
文字サイズを小さく： Shift + Ctrl + ＜ （ Alt キーを追加すると、5 倍の値で増減します）
行間を狭く： Alt + ↑ （縦書きは →） （ Ctrl キーを追加すると、5 倍の値で増減します）
行間を広く： Alt + ↓ （縦書きは ←） （ Ctrl キーを追加すると、5 倍の値で増減します）

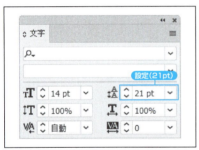
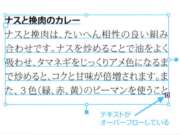

③ 「行送りを設定」に値を入力するか、ポップアップメニューから値を選択します。

④ テキストがオーバーフロー *2 すると末尾に ⊞ の表示が出ます。バウンディングボックスのコーナーハンドルかサイドハンドルをドラッグして、すべての文字が表示されるまでテキストエリアを拡大します。

「段落」パネルメニューの [ジャスティフィケーション設定] にある「自動行送り」*1 で、フォントサイズに対する自動行送りの比率を設定できます。
例えば、「自動行送り」を「120%」に設定したテキストオブジェクトのフォントサイズを「10pt」にすると、行送りが「(12pt)」になります。
括弧付きで表示されている行送りは、自動の設定になっています。

CC2014 以降の長方形のエリア内文字フレームは、入力した文字量に合わせてテキストエリアを自動調整するモードに設定できます *3。
選択ツール ▶ で横組みのテキストを選択すると、バウンディングボックスの下（縦組みは左）に四角形のウィジェットが表示されます。この四角形をダブルクリックしてウィジェットを短くすると、テキスト量に合わせてテキストエリアを自動調整するモードになります。自動調整を無効（テキストエリアのサイズを固定）にするときは、もう一度ウィジェットをダブルクリックします。

＊1：Illustrator で入力したテキストの初期設定は 175% ですが、[配置] で読み込んだテキストは 120% になります。
＊2：オーバーフローしてエリア内に表示されない文字のことを「オーバーセットテキスト」と呼びます。
＊3：「環境設定」の [テキスト] にある「新規エリア内文字の自動サイズ調整」にチェックを付けると、以降作成するテキストエリアは最初から自動サイズ調整が有効になります。

## カーニングの設定

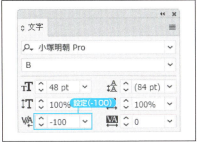

① 文字ツール T で文字の間をクリックします。

② 「文字」パネルにある「文字間のカーニングを設定」に値を入力するか、ポップアップメニューから値を選択します。正の値を入力すると文字間のアキが広がり、負の値で狭くなります。

 数値以外を選択した場合、以下の調整が適用されます。

- **自動**：OpenTypeフォントが持つプロポーショナルメトリクスとペアカーニングの詰めを適用します。
- **オプティカル**：文字の形に基づいて調節するので、詰め情報が搭載されていないフォントにも自動的な詰めを適用します。
- **和文等幅**：詰めを和文には適用しないで、欧文だけに適用します。

和文と欧文の両方に自動的な詰め処理をしない場合は、「0」に設定します。

フォントを選択するとき、フォント名の横にあるアイコンでフォントの種類がわかります。

「カーニング」、「トラッキング」はフォントサイズを基準にアキを調整します。「1000」はフォントサイズと同じアキを広げて、「100」はフォントサイズの1/10のアキを広げます。

和文は正方形の枠を基準に設計しているので、文字の形状によって枠内の隙間が多かったり少なかったりします。この隙間を自動で調整してバランスよく文字を並べる機能がプロポーショナルメトリクスです。

欧文は文字ごとの幅に合わせた長方形の枠で設計していますが、「T」や「Y」など隙間が多く見える文字もあります。このような特定の文字同士が並んだときの隙間を調整するのがペアカーニングです。

ペアカーニングは主な欧文フォントに搭載していますが、すべてではありません。和文フォントは小塚明朝Proや小塚ゴシックProの仮名などにも搭載されています。

和文OpenTypeフォントを使用したテキストに対してペアカーニングを反映させないプロポーショナルメトリクスだけで詰める場合は、カーニングを「0」にして、「OpenType」パネルの「プロポーショナルメトリクス」をオンに設定します。

アイス　カーニング：0　プロポーショナルメトリクス：オフ
アイス　カーニング：0　プロポーショナルメトリクス：オン
アイス　カーニング：自動（プロポーショナルメトリクスとペアカーニングを反映した文字組）

カーニングはショートカットキーでも設定できます。増減値は「環境設定」の「テキスト」で設定します（186ページ参照）。

間隔を狭く：`Alt` ＋ `←`（縦書きは `↑`）（`Ctrl` キーを追加すると、5倍の値で増減します）
間隔を広く：`Alt` ＋ `→`（縦書きは `↓`）（`Ctrl` キーを追加すると、5倍の値で増減します）

「コントロール」パネルや「文字」にパネルに表示されるこのボタンをクリックして変更します。

付属の「EmojiOne」は、「字形」パネルを使って絵文字を入力できます。

＊1：CS6 はTypekitサービスを利用できません。ただし、CC と併用している場合、CC で同期したフォントが CS6 にも表示されます。
＊2：CC2018 に付属されたフォント形式です。

PART07 ▶ P07Sec02_02.ai

## トラッキングの設定

① 文字ツール T で設定する範囲を選択します。

P テキスト全体にも設定できます。

② 「文字」パネルにある「選択した文字のトラッキングを設定」に値を入力するか、ポップアップメニューから値を選択します。正の値に設定すると文字間が広がり、負の値で狭くなります。

P ショートカットキーでも設定できます。増減値は「環境設定」ダイアログボックスで設定します（186ページ参照）。
間隔を狭く：[Alt] + [←]（縦書きは [↑]）（[Ctrl] キーを追加すると、5倍の値で増減します）
間隔を広く：[Alt] + [→]（縦書きは [↓]）（[Ctrl] キーを追加すると、5倍の値で増減します）

## 文字ツメの設定

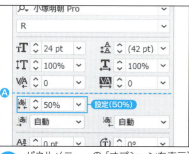

① 文字ツール T で設定する範囲を選択します。

② パネルメニューの[オプションを表示]を選択して、点線Ⓐから下の項目を表示します。
「文字」パネルにある「文字ツメ」に値を入力するか、ポップアップメニューから値を選択します。比率が高くなるほど字間が狭くなります。

P 文字ツメは、選択した文字の前後をパーセント値で詰める機能です。パーセント値の基になる基準は、カーニングやトラッキングのように文字サイズではなく、文字自体の形状と設計基準の枠との間にある隙間です。なので、同じ値で適用しても選択した文字によって移動する距離が異なります。この機能は、文字形状と設計枠に隙間がほとんど無い欧文字に対して適用しても意味がありません。

フォントサイズが20ptの場合、トラッキングを「-100」に設定すると文字間を2pt（フォントサイズの1/10）詰めます。

文字ツメを「50%」にした場合、各文字の前後のアキを半分（50%）詰めます。

## 文字アキの設定

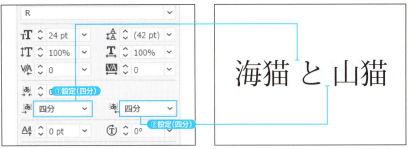

① 文字ツール T で設定する範囲を選択します。

② 「文字」パネルにある「アキを挿入（左/上）」「アキを挿入（右/下）」に挿入するアキ量を設定します。

P テキスト全体にも設定できますが、基本は部分的にアキを調整する機能です。

P フォントサイズを基準としたアキ量を設定します。「全角」を選択するとフォントサイズ分のアキを挿入します。「二分」ではフォントサイズの半分、「四分」ではフォントサイズの4分の1のアキを挿入します。

## 長体・平体の設定

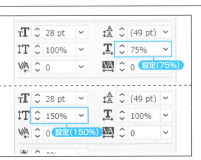

① 文字ツール T で設定する範囲を選択します。

② 「文字」パネルにある「水平比率」「垂直比率」に値を入力するか、ポップアップメニューから値を選択します。

P テキスト全体にも設定できます。

P 横組みの垂直比率、縦組みの水平比率を変更すると、小さい文字の位置は「文字」パネルメニューにある［文字揃え］の設定に従います。

## ベースラインの設定

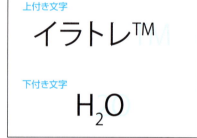

① 文字ツール T で設定する範囲を選択します。

② 「文字」パネルにある「ベースラインシフトを設定」に値を入力するか、ポップアップメニューから値を選択します。正の値に設定すると上方向（縦書きは右方向）、負の値で下方向（縦書きは左方向）に移動します。

> ショートカットキーでも設定できます。増減値は「環境設定」の［テキスト］で設定します（186ページ参照）。
> 上に移動：Shift + Alt + ↑（縦書きは→）（Ctrl キーを追加すると、5倍の値で増減します）
> 下に移動：Shift + Alt + ↓（縦書きは←）（Ctrl キーを追加すると、5倍の値で増減します）

## 上付き・下付き文字の設定

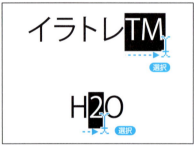

① 文字ツール T で設定する範囲を選択します。

② 「文字」パネルの［上付き文字］ボタン、または［下付き文字］ボタンをクリックします。

> 「上付き文字」および「下付き文字」のサイズと位置は、［ファイル→ドキュメント設定］の「文字オプション」で設定します。
> この設定は、「文字」パネルの「上付き文字」ボタン「下付き文字」ボタンかパネルメニューから設定した文字に適用されます。
> 「OpenType」パネルの「位置」で設定した「上付き文字」「下付き文字」には適用されません。

## 文字揃えの設定

① 選択ツール ▶ を使用して、テキストを選択します。

② 「文字」パネルメニューの［文字揃え］から選択します。

大きい文字のベースラインに、小さい文字のベースラインを揃えます。

 一部の文字に適用する場合は、文字ツール T で対象の文字を選択します。

 「仮想ボディ」は、フォントサイズと同じ大きさの正方形です。「字面」は、文字そのものの大きさです。文字揃えの平均字面は、文字ごとの字面で揃えるのではなく、平均サイズの字面が基準になります。例えば、促音の「っ」では、平均字面と字面の間に広いアキがあります。

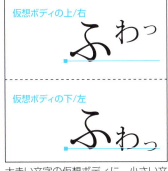

大きい文字の仮想ボディに、小さい文字の仮想ボディを揃えます。

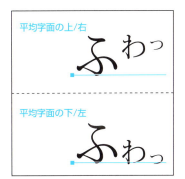

大きい文字の平均字面に、小さい文字の平均字面を揃えます。

### Column

和文字は、縦に並べても横に並べてもきれいに文字が揃うように、同じ大きさの正方形（仮想ボディ）を基準に文字を設計しています。

欧文字は縦に並べないので、文字ごとに幅が異なる仮想ボディを持ち、ベースラインを基準に文字の位置を設計しています。

和文フォントの欧文字は漢字に比べて少し小さく作られています。見出しなど、大きなサイズで表示すると和欧文字の差が目立ちます。美しく見える文字組みを作るには、大きい文字ほど微調整が必要です。

## 文字の回転

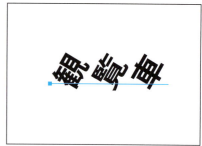

① 選択ツール ▶ でテキストを選択します。

Ⓟ 一部の文字に適用する場合は、文字ツール T で対象の文字を選択します。

② 「文字」パネルにある「文字回転」に値を入力するか、ポップアップメニューから値を選択します。正の値に設定すると左に回転、負の値で右に回転します。

## 下線・打ち消し線の設定

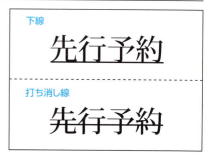

① 選択ツール ▶ でテキストを選択します。

Ⓟ 一部の文字に適用する場合は、文字ツール T で対象の文字を選択します。

Ⓟ 下線と打ち消し線は併用できます。線に文字と異なる色を設定できません。線幅も変更できません。

② 「文字」パネルの「下線」ボタン T 、または「打ち消し線」ボタン T をクリックします。

Ⓟ 書式設定をショートカットキーで変更する場合、「環境設定」の［テキスト］で増減値を設定します（カーニングは「トラッキング」と同じ値になります）。

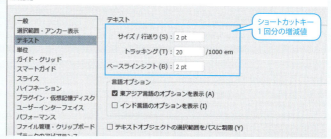

## 行揃えの設定

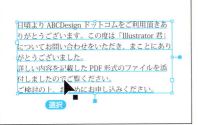

① 選択ツール ▶ でテキストを選択します。

② 「段落」パネルの行揃えボタンをクリックして選択します。

文字が左揃え[*1]になり、段落の右端は不揃いになります。

文字が中央揃えになり、段落の左右の端は不揃いになります。

文字が右揃えになり、段落の左端は不揃いになります。

最終行以外は両端が揃いますが、最終行は左揃えになります。

最終行以外は両端が揃いますが、最終行は中央揃えになります。

最終行以外は両端が揃いますが、最終行は右揃えになります。

すべての行が両端揃えになります。

 基本は、入力する文字サイズと文字数に合わせてテキストエリアを作成します[*2]。このページの作例も12ptの文字が22文字入る幅に合わせています。ベタ組み[*3]の和文字だけで入力した場合、22文字目がテキストエリアの外枠ぴったりに収まりますが、英数文字のある行は文字幅が変わるので、最後の文字とテキストエリアの間に隙間ができてしまいます。「均等配置」は、隙間ができた行の文字間隔を均等に広げて、テキストエリアの外枠ぴったりに合わせる機能です。

CC2014以降は、ソフトリターンで改行した行にも均等配置の行揃えを適用できます。ソフトリターンとは、1つの段落（書式）を保持しながら強制的に改行する方法です。通常の Enter キーによる改行はハードリターンと呼び、 Shift ＋ Enter キーで改行するのがソフトリターンです。

＊1：縦書きの場合、「左端」は「上端」、「右端」は「下端」に置き換えてください。「中央」は同じです。
＊2：日本語組版のセオリーです。
＊3：1文字につきフォントサイズ分の幅をとり、文字の間に隙間をとらないように文字を組みます。

187

## インデント・段落間隔の設定

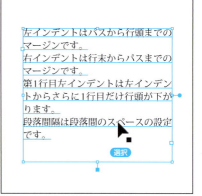

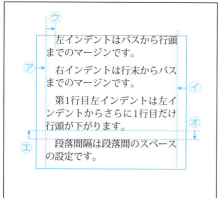

① 選択ツール でテキストを選択します。

② パネルメニューの [オプションを表示] を選択して、点線Ⓐから下の項目を表示します。「段落」パネルのインデント・段落の間隔を設定します。

> 📝 テキストオブジェクトを選択して、[書式→アウトラインを作成]（ Shift + Ctrl + O ）を適用すると、パスとして自由に変形・加工できます。アウトライン化したテキストは、複合パスに変換されます。

また、商用印刷においては、印刷会社にない書体を使用する場合、文字をアウトライン化するかフォントデータの添付が義務付けられています。アウトライン化すると、文字を修正することができません。必ずアウトライン化する前のデータをバックアップしてください。

> 📝 段落先頭に全角スペースを入れて1字下げにするときは、文字組みアキ量設定の「行頭設定」にある「段落先頭→非約物」を0%に設定した文字組みを適用します*1。文字組みが「なし」の場合、均等配置でスペースとの間隔も調整するため、正確な位置に合わせることができません。「配置」コマンドでテキストを読み込むと、文字組みが「なし」になるので注意してください。
> インデントで下げる場合は、均等配置や文字組みの影響を受けずに指定の位置に固定できます。

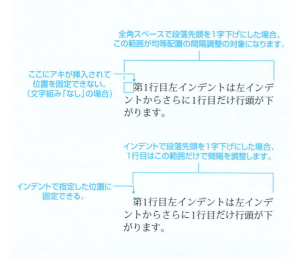

> 💡 Illustratorの初期設定では、文字がきれいで読みやすくなるように間隔を微調整できる機能（文字幅を調整）が有効になっています。しかし、小さいサイズ（20pt未満）の文字をモニタに表示する場合、微調整が表現できず文字同士がくっついたり間隔が開きすぎて読みにくくなることもあります。
> Web用に小さい文字をデザインするときは、「文字」パネルメニューにある [文字幅を調整] から [システムレイアウト] に切り替えると、カーニング設定をすべて「0」にリセットして、小さい文字同士の詰め過ぎを防ぎます。
> [文字幅を調整] および [システムレイアウト] は、テキストオブジェクト全体に設定します。テキストの一部だけに適用することはできません。

*1：プリセットの文字組み「約物半角」「行末約物半角」「行末約物全角」「約物全角」は、「段落先頭→非約物」を0%に設定しているので大丈夫です。

## 禁則処理の設定

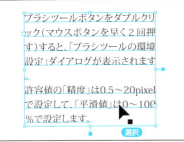

① 選択ツール ▶ でテキストを選択します。

② 「段落」パネルの「禁則処理」を選択します。
日本語組版ルールに基づいて、禁則文字が行頭や行末に来ないように間隔を調整します。

**弱い禁則**
ブラシツールボタンをダブルクリック（マウスボタンを早く2回押す）すると、「ブラシツールの環境設定」ダイアログが表示されます。
許容値の「精度」は0.5〜20pixelで設定して、「平滑値」は0〜100％で設定します。

**強い禁則**
ブラシツールボタンをダブルクリック（マウスボタンを早く2回押す）すると、「ブラシツールの環境設定」ダイアログが表示されます。
許容値の「精度」は0.5〜20pixelで設定して、「平滑値」は0〜100％で設定します。

P 禁則文字の改行方法は、「文字」パネルメニューにある「禁則調整方式」で設定します。
追い込み優先：文字を前の行に詰めて、禁則文字が行の先頭または末尾になるのを防ぎます。
追い出し優先：文字を次の行に送って、禁則文字が行の先頭または末尾になることを防ぎます。
追い出しのみ：常に文字を次の行に送って、禁則文字が行の先頭または末尾になるのを防ぎます。前の行には詰めません。

P 「禁則設定」を選択すると、禁則の対象となる文字の追加・削除ができます。

## 文字組みの設定

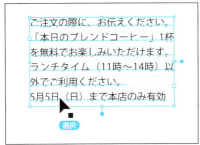

① 選択ツール ▶ でテキストを選択します。

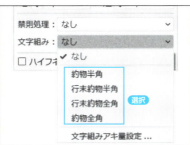

② 「段落」パネルの「文字組み」から選択します。
句読点や括弧、欧文とのアキが変わります。

**行末約物半角の場合**
ご注文の際に、お伝えください。
「本日のブレンドコーヒー」1杯を無料でお楽しみいただけます。
ランチタイム（11時〜14時）以外でご利用ください。
5月5日（日）まで本店のみ有効

P 約物半角：句読点などの約物に半角の間隔設定を適用します。
行末約物半角：行末以外のほとんどの約物に全角の間隔設定を適用します。
行末約物全角：ほとんどの約物と行末約物に全角の間隔設定を適用します。
約物全角：句読点などの約物に全角の間隔設定を適用します。

P 「配置」コマンドで読み込んだテキストの禁則処理と文字組みは、両方とも「なし」になります。

P カスタマイズしたオリジナルの文字組みを使うときは、「文字組みアキ量設定」を選択して、条件別にアキ量の許容値を設定します。禁則処理で行を詰める場合のアキ量は「最小」に設定して、均等揃えで行を広げる場合のアキ量は「最大」に設定します。「最小」の値は「最適」より小さい値を、「最大」の値は「最適」より大きい値に設定します。
禁則処理や均等揃えに関係なくアキ量を一定に保つ場合は、「最適」「最小」「最大」に同じ値を設定します。

PART07 ▶ P07Sec02_05.ai

## 文字組み方向を変える

 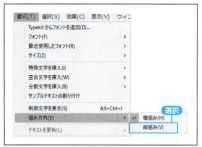

❶ 選択ツール ▶ でテキストを選択します。　❷ [書式→組み方向] から選択します。

## 縦組の欧文を回転する

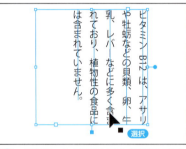  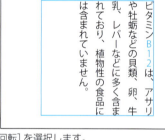

❶ 選択ツール ▶ でテキストを選択します。　❷ 「文字」パネルメニューの [縦組み中の欧文回転] を選択します。

★ 一部の文字に適用する場合は、文字ツール T で対象の文字を選択します。

## 縦中横の設定

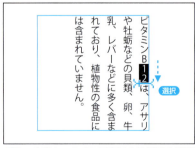  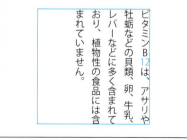

❶ 文字ツール T で適用する範囲を選択します。　❷ 「文字」パネルメニューの [縦中横] を選択します。

★ [縦中横設定] で、上下左右の位置を調整できます。

190　 OpenTypeフォントは、書体名の後ろに付いている「Std」「Pro」「Pro5」などで収録している文字数（漢字、異体字、記号類など）が異なります。「Std」よりも「Pro」、「Pro5」よりも「Pro6N」が収録している文字数が多くなります。書体名が同じでも、それぞれ別のフォントとして扱います。

## 異体字の挿入

① 文字ツール T で1文字だけ選択します。CC2017以降は、カーソルの右下に表示されるパネルから異体字を選択できます*1。

② CS6からCC2015は、「字形」パネルの文字をクリックして、ポップアップメニューから選択します。

 「字形」パネルに小さい三角形がない字には異体字がありません*2。

## タブで揃える

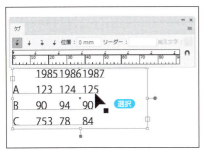
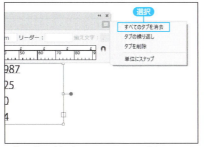
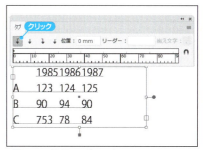

① タブを挿入したテキストを選択して、[ウィンドウ→書式→タブ]（Shift + Ctrl + T）を選択します。

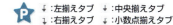 一部の文字に適用する場合は、文字ツール T でその範囲を選択します。

② 「タブ」パネルメニューの[すべてのタブを消去]を選択します。

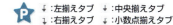 タブ揃えは、行揃えが「左揃え」か「上揃え」でのみ設定できます。

③ タブ揃えのボタンをクリックして、揃え方を選択します。

↓：左揃えタブ　↓：中央揃えタブ
↓：右揃えタブ　↓：小数点揃えタブ

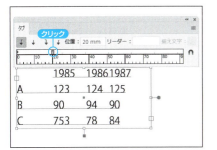
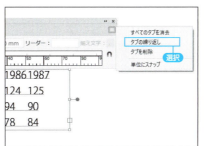
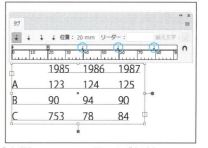

④ 揃える位置*3をクリックします。「位置」に値を入力しても設定できます。

⑤ 「タブ」パネルメニューの[タブの繰り返し]を選択して、同じ間隔でタブを追加します。

*1：CC2017 CC2018 パネルには5文字まで表示されます。5文字以上ある場合は右端に>が表示され、クリックすると「字形」パネルが開きます。
*2：収録している文字数の多いフォント（「Pro6N」など）にすることで、より多くの異体字が選択できます。
*3：「タブ」パネルメニューにある「単位にスナップ」をオンにすると、タブを定規の目盛りにスナップして配置できます。

## 小数点で揃える

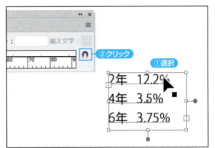
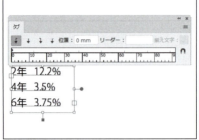
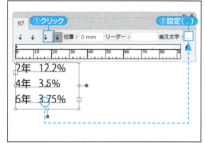

① タブと小数点を挿入したテキストを選択します。「テキスト上にパネルを配置」ボタン ⌒ をクリックすると、選択したテキストの上に「タブ」パネルが移動します。

② 「小数点揃えタブ」ボタン ↧ をクリックして、「揃え文字」に揃える文字（ピリオド）を設定します。

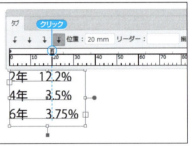
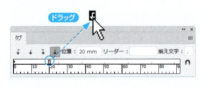
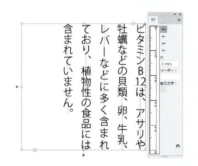

タブをパネルの外側にドラッグすると、タブが削除されます。

縦組みのテキストを選択してから「テキスト上にパネルを配置」ボタン ⌒ をクリックすると、「タブ」パネルが縦向きに変わります。

③ 揃える位置をクリックします。
※「位置」に値を入力しても設定できます。

「タブ」パネルメニューの［単位にスナップ］をオンにすると、定規の目盛りに合わせて指定できます。

## タブリーダーの設定

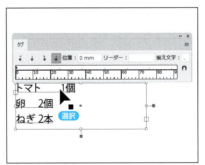
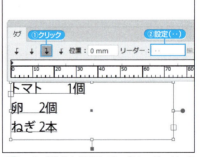
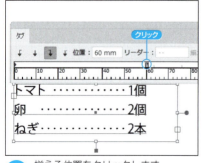

① タブを挿入したテキストを選択して、「タブ」パネルを表示します。

② タブ揃えを選択して、「リーダー」に8文字までの文字パターン（二点リーダー）を入力します。

③ 揃える位置をクリックします。
※「位置」に値を入力しても設定できます。

 Illustratorに入力したテキストをテキストファイルにするときは、［ファイル→書き出し］を選択して、フォーマットを「テキスト形式」に設定します。選択したテキストのみ書き出すこともできます。

📁 PART07 ▶ 📄 P07Sec02_06.ai

## テキストの回り込み

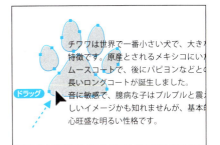

❶ テキストに重なる位置までオブジェクトを移動します。

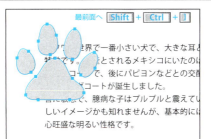

❷ Shift + Ctrl + ] キーを押して、オブジェクトを最前面に移動します。

💡 回り込みを設定するオブジェクトは、テキストより前面に配置します。

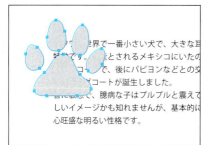

❸ 最前面に移動したオブジェクトを選択状態のままにします。

❹ ［オブジェクト→テキストの回り込み→作成］を選択します。

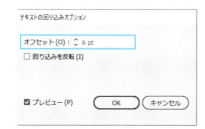

💡 オブジェクトとテキストの間隔は、［オブジェクト→テキストの回り込み→テキストの回り込みオプション］で設定します。

💡 回り込みを解除するときは、［オブジェクト→テキストの回り込み→解除］を選択します。

---

### Column

以下のフォルダにインストールしたフォントは、Illustrator か、Adobe 製品に限定して使用できます。フォントの種類を必要としない他のアプリのフォントメニューを簡素化できます。

| | | |
|---|---|---|
| **Illustrator 限定使用** | Windows | Program Files¥Adobe¥Adobe Illustrator ＜使用バージョン＞ ¥Support Files¥Required¥Fonts |
| | macOS | Macintosh HD/ アプリケーション /Adobe Illustrator ＜使用バージョン＞ /Adobe Illustrator ＜使用バージョン＞ /Required[*1]/Fonts |
| **Adobe 製品 限定使用** | Windows | Program Files¥Common Files¥Adobe¥Fonts |
| | macOS | Macintosh HD / ユーザ / ＜ユーザ名＞ / ライブラリ / Application Support / Adobe / Fonts |

＊1：Illustratorアプリケーションファイルをcontrol＋（右クリック）して［パッケージの内容を表示］を選択すると、「Required」フォルダが表示できます。

193

# 3 段組

一行の文字数が長すぎると、文章が読みにくくなります。文字サイズの小さい長い文章を広いスペースにレイアウトするときは、段を分けてレイアウトすると読みやすくなります。

## リンクしたテキストエリアを作成する

  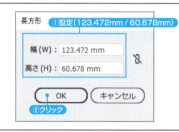 

① 長方形ツール ■ を使い、幅123.472mm（350pt）幅の長方形を作成します（10ptの文字を35文字入れることを想定した値です）。

 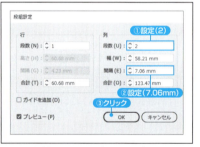 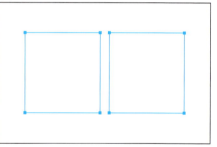

② ［オブジェクト→パス→段組設定］を選択して、段数と間隔を設定します（7.06mmは2文字分のスペースです）。ここで作成されるオブジェクトは、段落数で分割した長方形のパスオブジェクトです。

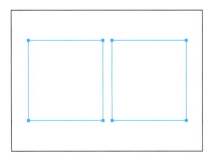  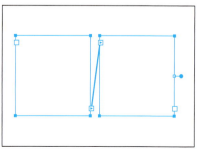

③ 段組設定したパスを選択状態のままにして、［書式→スレッドテキストオプション→作成］を選択します。

 例えば、楕円形のパスを元に［段組設定］を適用しても、長方形のパスが作成されます。

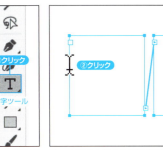  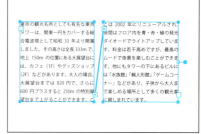

④ 文字ツール T でテキストエリアの枠をクリックすると、カーソルが点滅して文字が入力できます。テキストエリアいっぱいに入力すると、リンク先のテキストエリアに入力できます。

> スレッドテキストのリンク解除は、[書式→スレッドテキストオプション→スレッドのリンクを解除]を選択します。

## テキストエリアを分割する

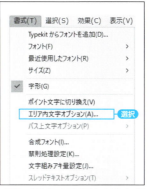 

① 選択ツール ▶ でテキストを選択します。

② [書式→エリア内文字オプション]を選択して、段数と間隔を設定します。

> エリア内文字オプションにあるオフセットでは、テキストエリアの外枠から文字までの間隔を広げたり、先頭1列目のベースラインの位置を移動することができます。

**外枠からの間隔**：テキストエリアとテキストの間に等間隔のマージンを設定します。
**1列目のベースライン**：テキストエリアの外枠（外枠からの間隔を設定しているときは、その位置）から先頭1列目のベースラインまでの距離を設定します。初期設定の「仮想ボディの高さ」は、テキストエリアに仮想ボディを合わせた位置にベースラインを設定します。「固定」を選択すると、1列目の文字がフレームの外側に出ます。「最小」に値を入力すると、テキストエリアの内側に移動します（負の値で外側に移動することはできません）。

> 一列目のベースラインで選択できる「アセント」「キャップハイト」「x ハイト」は、欧文書体の字形を定義するときの高さの基準です。欧文組版をするときに選択するとよいでしょう。
> 「レガシー」は、Ver.10 以前のベースライン位置に合わせた設定です。CS6 や CC で Ver.10 以前のファイルを開くときは、テキストの更新で1行目のベースライン設定を「仮想ボディの高さ」に変換します。

195

## スレッドポイントからリンクしたテキストエリアを作成する

**1** テキストを選択して、スレッドポイント ⊞ をクリックします。

**2** ポインタが に変わったら、テキストエリアの左上となる位置でクリックします。新しく作成したテキストエリアに残りのテキストが配置されます。

> クリックすると、同じサイズのテキストエリアを作成します。
> ドラッグすると、任意のサイズで作成できます。

## スレッドポイントからパスにリンクする

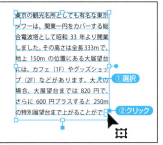

**1** テキストを選択して、スレッドポイント ⊞ をクリックします。

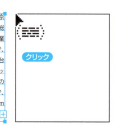

**2** ポインタの先端をパスのアウトラインに重ねて、 に変わったらクリックします。パスがテキストエリアに変換され、残りのテキストが配置されます。

> リンクしたテキストエリアをエリア内文字オプションで段組みにすることもできます。

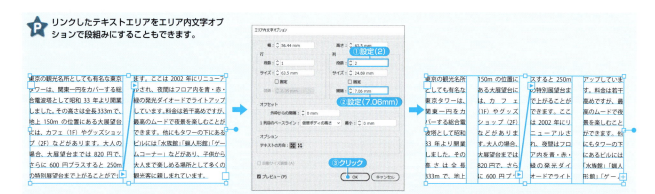

# 4 文字と段落のスタイル

文字書式と段落書式をスタイルに登録しておけば、すぐに同じ設定をテキストに適用できます。文字スタイルには「文字」パネルで設定する属性を登録できます。段落スタイルには「文字」パネルと「段落」パネルで設定する属性を登録できます。

## 段落スタイルを設定する

**①**「段落スタイル」パネルの「新規スタイルを作成」ボタン ■ をクリックします。

CS6からCC2014は、「段落スタイル」パネルの「段落スタイル1」（文字以外の空いているスペース）をダブルクリックして「段落スタイルオプション」ダイアログボックスを開きます。

**②**「スタイル名」を入力して、「基本文字形式」をクリックします。ここでは書体やサイズ、行送りなどを設定します。

> 新規ドキュメントを作成すると、自動的に「標準文字スタイル」「標準段落スタイル」が作られます。新しく作成したスタイル設定の空欄には、「標準文字スタイル」または「標準段落スタイル」と同じ設定が適用されます[*1]。

**③**「詳細文字形式」をクリックします。ここでは文字のアキやツメ、ベースラインなどを設定します。

**④**「インデントとスペース」をクリックします。ここでは行揃えやインデント、段落前後のアキなどを設定します。設定が終わったら、「OK」ボタンをクリックします。

---

*1:「標準文字スタイル」と「標準段落スタイル」のオプションにも空欄があり、両方で書式設定を補っています。おもに「文字」パネルで設定する属性を「標準文字スタイル」で、「段落」パネルで設定する属性を「標準段落スタイル」に設定しています。例えば、この作例の段落スタイル「名前」を適用したテキストのカーニングやトラッキングには、「標準文字スタイル」の設定を適用しています。

197

## 段落スタイルを適用する

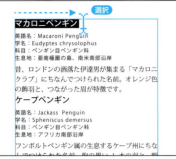

❶ 文字ツール T で段落スタイルを適用する範囲を選択します。

❷ 「段落スタイル」パネルで登録したスタイル（名前）をクリックします。

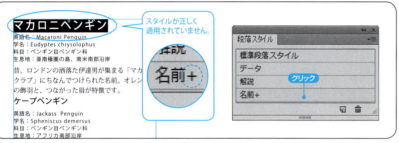

CS6からCC2015は、スタイル名の横に「+」（プラス記号）が付きます*1。もう一回スタイル名をクリックすると、「+」（プラス記号）が消えて正しく適用できます。

❸ 他の段落にもスタイルを適用します。

## 文字スタイルを設定する

❶ 「文字スタイル」パネルの「新規スタイルを作成」ボタン をクリックします。

CS6からCC2014は、「文字スタイル」パネルの「文字スタイル1」（文字以外の空いているスペース）をダブルクリックして「文字スタイルオプション」ダイアログボックスを開きます。

❷ スタイル名を入力して、「基本文字形式」をクリックします。ここでは書体やサイズ、行送りなどを設定します。

*1：テキストにスタイルと異なる書式設定があると、スタイル名の横に「+」が表示されます。「+」表示の付いたスタイルに新しいスタイルを適用しても異なる書式設定を引き継いでしまい、新しいスタイルにも「+」表示が付きます。異なる書式設定に上書きするには、該当スタイルを再度クリックします。

③ 「詳細文字形式」をクリックします。ここでは水平・垂直比率、文字ツメ、ベースラインなどを設定します。

④ 「文字カラー」をクリックして、文字の色を設定したら「OK」ボタンをクリックします。

## 文字スタイルを適用する

① 文字ツール T で文字スタイルを適用する範囲を選択します。

② 「文字スタイル」パネルで登録したスタイル名をクリックします。スタイル名の横に「+」(プラス記号) が出る CS6 から CC2015 は、もう一回クリックします。

## スタイルを変更する

① スタイルパネルのスタイル名をダブルクリックします。

② スタイルを変更して「OK」ボタンをクリックすると、そのスタイルを適用したテキストの書式を自動的に更新します。

文字タッチツール

文字を個別のオブジェクトのように選択して、ドラッグ操作で移動や拡大・縮小、回転などができます。

## 文字タッチツールでテキストを編集する

① 文字タッチツール ㌻ を選択します。

② 編集する文字の上でクリックします。

③ クリックした文字の回りに表示されるハンドルにカーソルを合わせてドラッグします。
※ハンドルごとに編集できる操作が異なります。

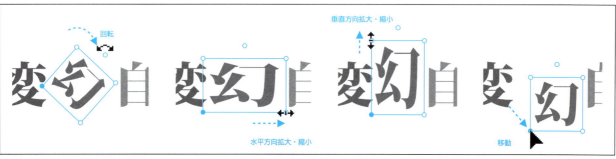

文字タッチツールはベースラインを基準に変形します。テキストの文字揃えを「欧文ベースライン」に設定すると、編集対象以外の文字が上下に移動しません。

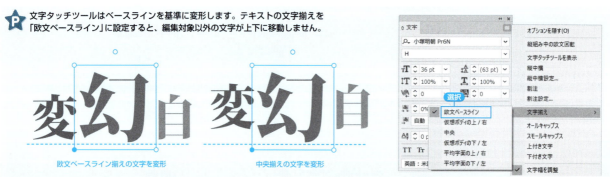

🅟 タッチ対応のデバイスを使用しているときの文字タッチツール 🄣 と自由変形ツール 🄣 のコントロールハンドルは、タッチしやすい大きなハンドルが表示されます。

文字タッチツールの
コントロールハンドル

🅟 CC2017以降は、フォントファミリをお気に入り登録して、フォントリストをフィルタリングできます。

クリックしてお気に入りに
登録します。

オンにすると、お気に入りだけ
リストに表示されます。

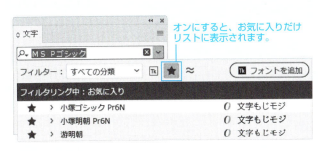

🅟 2014以降は、システムに無いフォントを使用したドキュメントを開くと、「環境にないフォント」ダイアログボックスが開きます。対象フォントがAdobe Typekitフォントの場合、「フォントを同期」ボタンをクリックしてフォントを同期できます。「フォントを検索」ボタンをクリックすると、システムにあるフォントに置き換えるダイアログボックスに切り替わります。「閉じる」ボタンをクリックすると、システムに無いフォントの文字はドキュメント内でハイライト表示されます。

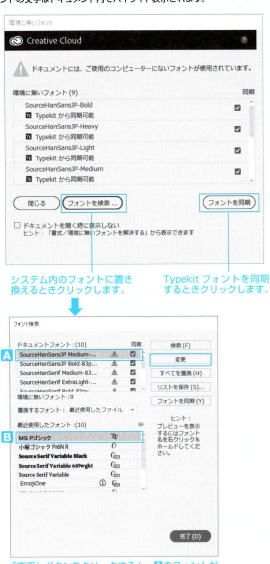

システム内のフォントに置き
換えるときクリックします。

Typekit フォントを同期
するときクリックします。

「変更」ボタンをクリックすると、🅐のフォントが
🅑のフォントに置き換わります。

## 文字の練習

**課題⑱**

自分の名刺を作成してください。

☐ 文字を入力できるか？→ 文字ツールでクリックして、カーソルが点滅したら入力します。
☐ 文字の書式を設定できるか？→入力したテキストを選択して、「文字」パネルや「段落」パネルで属性を設定します。
☐ 入力する文字は、自分の名前と住所に置き換えてください。デザインも自由にアレンジしてください。

（例）

イラストレーター
広田正康

〒102-0072
東京都千代田区飯田橋 4-9-5 スギタビル 4F
TEL.03-3262-5320　FAX.03-3262-5326

# PART 8

## 特殊効果

# 8-1 リキッドツール

PART08 ▶ P08Sec01_01.ai

パスオブジェクトを液体のようにグニャグニャと曲げて変形します。ツールは7種類あり、クリックやドラッグだけで瞬時に変形します。ツールオプションでブラシの大きさや変形の強さを調整します。

## リキッドツールで変形する

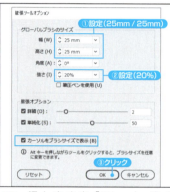

① 膨張ツール を選択して、 ボタンをダブルクリックします。

② 幅と高さを「25mm」、強さ「20%」、「カーソルをブラシサイズで表示」をオンに設定して、「OK」ボタンをクリックします。

③ カーソルの円を虫メガネの枠に合わせます。

P 「カーソルをブラシサイズで表示」をオンにすることで、変形する領域が確認できます。

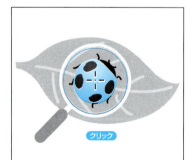

④ クリックすると、ブラシの内側にあるパスを中心から外側に押し出すように変形します。

P マウスボタンを押している間、変形が継続します。「強さ」を弱くすると、変形する速度がゆっくりになります。

## 選択範囲だけを変形する

① 変形したいパスだけ選択します。

P テキストを変形するときは、アウトライン化しておきます。

② ワープツール を選択して、 ボタンをダブルクリックします。

P リンクファイルやテキスト、グラフまたはシンボルを含むオブジェクトにリキッドツールを使用することはできません。

204

📁 PART08 ▶ 📄 P08Sec01_01.ai

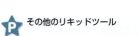

> 「単純化」のチェックを外したり、「詳細」の値を大きくすると、より正確な変形ができます。

> その他のリキッドツール

**うねりツール**
渦を巻くように変形します。

③ 強さ「50%」、「単純化」をオフに設定して、「OK」ボタンをクリックします。

④ ドラッグして、ブラシの内側を引っ張るように変形します。

## パスの一部を変形する

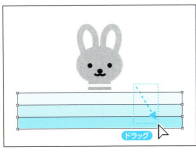

**収縮ツール**
ブラシの中央に収縮します。

① ダイレクト選択ツール ▷ で変形するセグメントを選択します。

② リンクルツール 🔲 を選択します。

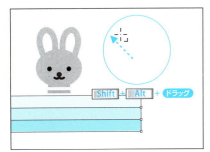

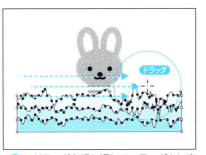

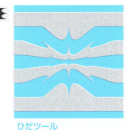

**ひだツール**
ひだ状に収縮します。

③ Shift + Alt キーを押しながらドラッグして、ブラシサイズを変更します。

④ ドラッグを繰り返して、ランダムに変形するシワを作成します。

> Shift キーを放すと、ブラシの形状が楕円形になります。

> マウスボタンを押し続けたまま往復するのではなく、1回ドラッグしたらマウスボタンを放します。

**クラウンツール**
トゲ状に広がります。

205

PART08 ▶ P08Sec02_01.ai

# 8-2 エンベロープで変形

オブジェクトを封筒（エンベロープ）に詰めて変形します。選択したオブジェクトの最前面にあるパスが封筒の役割になります。封筒の形を変形すると、中身も一緒に変形します。

## 最前面のパスの形に変形する

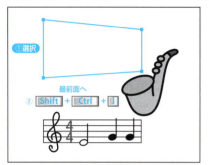

① 台形のパス（封筒）を選択して、[オブジェクト→重ね順→最前面へ]（Shift + Ctrl + ]）を選択します。

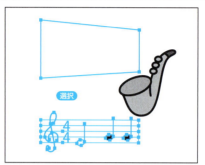

② 最前面に移動した台形のパス（封筒）と、変形するオブジェクト（楽譜）を選択します。

③ [オブジェクト→エンベロープ→最前面のオブジェクトで作成]（Alt + Ctrl + C）を選択します。

④ 楽譜が台形（封筒）の中に詰め込まれた状態で表示されます。

 リンクで配置したビットマップ画像は、エンベロープ（ワープ、メッシュ、最前面のオブジェクト）で変形できません。埋め込みで配置すると、エンベロープで変形できます。

 [オブジェクト→エンベロープ→エンベロープオプション] で「線形グラデーションの塗りを変形」をオン（初期設定：オフ）にすると、線形グラデーションが封筒の形に合わせて変形します。

## 最前面の形状を修正する

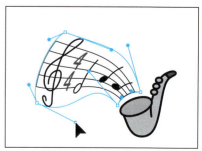

① ダイレクト選択ツール で最前面のオブジェクト（封筒）のアンカーポイントを修正すると、中のイメージ（楽譜）が変形します。
※メッシュツールでも変形します。

## 変形したオブジェクトを修正する

① エンベロープオブジェクトを選択します。

② ［オブジェクト→エンベロープ→オブジェクトを編集］を選択します。

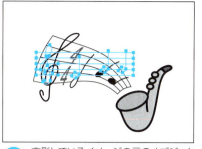

③ 変形しているイメージの元のオブジェクトが編集できるモードに変わります。

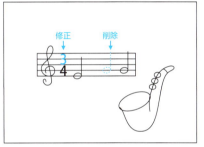

④ 文字ツール T で拍数を修正して、選択ツール ▶ で音符を選択して削除（ Delete ）します。
※表示をアウトライン（Ctrl+Y）に切り替えて、エンベロープで変形したイメージを非表示にすると、編集しやすくなります。

⑤ 楽譜を選択して［オブジェクト→エンベロープ→エンベロープを編集］を選択します。

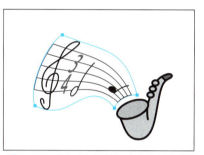

⑥ エンベロープオブジェクトの封筒が編集できるモードに戻ります。
※表示をプレビュー（Ctrl+Y）に戻します。

> ［オブジェクト→エンベロープ→解除］を選択すると、封筒は変形したままの形、中身は変形する前の形に戻ります。

## エンベロープを拡張する

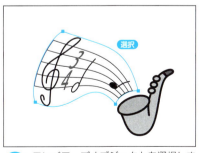

① エンベロープオブジェクトを選択します。

② ［オブジェクト→エンベロープ→拡張］を選択します。

③ プレビューと同じ形のオブジェクトに変換されます。テキストはアウトライン化されます。
※封筒は削除されます。

## 8-3 メッシュで変形

[メッシュで作成]は、選択したオブジェクトを長方形のメッシュに分割して変形します。CC2018のパペットワープ機能は、オブジェクトの形に合わせたメッシュを使って変形します。

### メッシュオブジェクトに変換して変形する

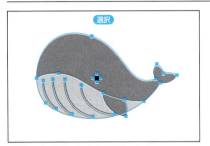

❶ オブジェクトを選択します。

❷ [オブジェクト→エンベロープ→メッシュで作成]（Alt + Ctrl + M）を選択します。

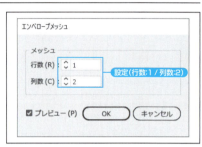

❸ メッシュの分割数を設定します。

❹ 「OK」ボタンをクリックしてメッシュオブジェクトに変換します。

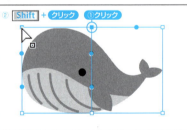

❺ ダイレクト選択ツール でメッシュポイントを選択します。

[オブジェクト→エンベロープ→拡張]を選択すると、プレビューと同じ形のパスに変換します。

[オブジェクト→エンベロープ→解除]を選択すると、元のオブジェクトに戻ります。

[オブジェクト→エンベロープ→最前面のオブジェクトで作成]で作成したエンベロープにもメッシュツール を使ってメッシュを分割できます。メッシュツール の操作方法は、115ページを参照してください。

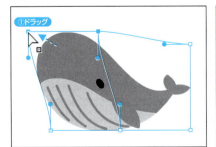

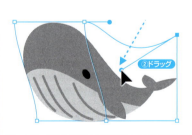

❻ メッシュポイントや方向線を移動すると、オブジェクトが変形します。編集方法はグラデーションメッシュと同じです（114ページ参照）。

## パペットワープで変形する（CC2018）

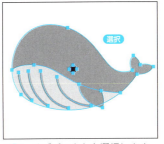

① オブジェクトを選択します。

② パペットワープツール ★ を選択します。

③ オブジェクトの上でクリックすると、オブジェクトの形に合わせたメッシュが作成されます。

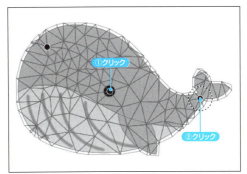

④ 目の上と尾ひれの付け根の上でクリックして、ピンを追加します。

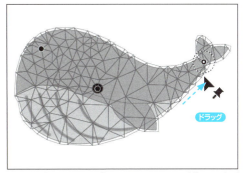

⑤ ピンをドラッグすると、メッシュが動いて変形します。

下図のようなイラストを変形するときは、たくさんのピンが必要です。

P ピンを削除するときは、ピンを選択して Delete キーを押します。

P 「メッシュを拡大」の値を大きくすると、変形する範囲が広くなります。「メッシュを表示」のチェックを外すと、ピンだけの表示になります。

または、部位を分けて変形する方法でもかまいません。

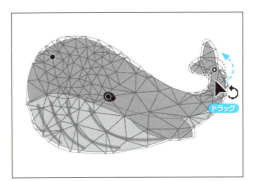

⑥ ピンの周りにある点線の円をドラッグすると、メッシュが回転して変形します。

このピンを動かしても、離れたメッシュのイメージは変形しません。

メッシュを拡大してくっつけると、一緒に変形します。

## ④ ワープで変形

ワープシェイプを使った変形は、エンベロープと効果の2種類あります。エンベロープを使った変形は、メッシュを編集して形状の変更ができます。効果を使った変形は、ダイアログボックスを使って形状の変更ができます。

### エンベロープで変形する

❶ オブジェクトを選択します。

❷ [オブジェクト→エンベロープ→ワープで作成]（Alt + Shift + Ctrl + W）を選択します。

❸ 「プレビュー」をオンにして、スタイルや変形の値を設定します。

❹ 「OK」ボタンをクリックして変形を確定します。

### エンベロープを編集する

❶ ダイレクト選択ツールでメッシュポイントや方向線を移動すると、変形します。
※メッシュツールでも変形します。

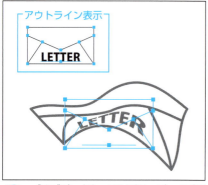

❷ [オブジェクト→エンベロープ→オブジェクトを編集]を選択すると、変形したオブジェクトを編集できます。
※[オブジェクト→エンベロープ→エンベロープを編集]を選択すると、メッシュを編集する表示に戻ります。

Shift + Ctrl + P のショートカットキーを押すと、CS6は[オブジェクトを編集]と[エンベロープを編集]の切り換えができます。V.17は、なにもなし。CC2014以降は、[配置]が実行されます。

変形前に戻す：[オブジェクト→エンベロープ→解除]
プレビューと同じ形のパスにする：[オブジェクト→エンベロープ→拡張]

## 効果で変形する

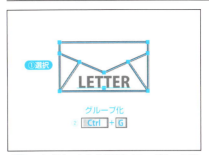

① オブジェクトを選択して、グループ化（Ctrl + G）します。

② グループ化したオブジェクトを選択したまま、［効果→ワープ→下弦］を選択します。

③ 変形の値を設定します。
※ここでスタイルの変更もできます。

④「OK」ボタンをクリックして変形を確定します。

P 複数のオブジェクトに効果を使ったワープを適用するときは、必ずグループ化してください。グループ化しないと、下図のように変形します。

P 効果を使ったワープを一時的に解除するときは、「アピアランス」パネルの目アイコン👁をクリックします。

効果を削除するときは、属性を選択して削除ボタン🗑をクリックします。

## 変形したオブジェクトを編集する

① オブジェクトを選択すると、元のアウトラインが表示されます。

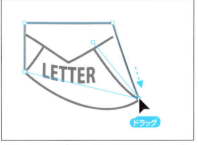

② 元のオブジェクトを変形すると、プレビューも一緒に変形します。

211

## 効果の設定を編集する

❶ オブジェクトを選択します。

❷ 「アピアランス」パネルの「ワープ：下弦」（アンダーラインの上）をクリックして、「ワープオプション」ダイアログボックスを開きます。

属性を選択する場合は、属性名以外のスペースをクリックします。属性名をクリックするとオプションダイアログボックスが開きます。

アンダーラインの範囲をクリックしてダイアログボックスを表示します。

ここをクリックして属性を選択します（ダイアログボックスを表示するときはダブルクリック）。

ワープ効果は、15種類のスタイルに変形できます。

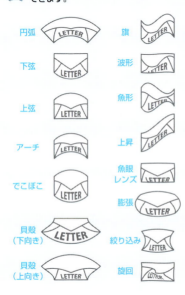

❸ オプションの設定を変更します。
※ここでもスタイルの変更ができます。

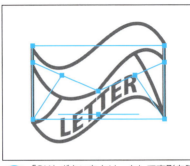

❹「OK」ボタンをクリックして変形を確定します。

## アピアランスを分割する

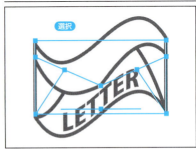

❶ オブジェクトを選択します。

❷[オブジェクト→アピアランスを分割]を選択します。

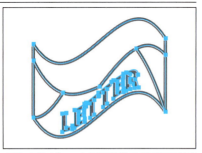

❸ プレビューと同じ形状のパスになります。テキストはアウトライン化されます。

 同じ形に変形しても、エンベロープの変形を拡張するより、効果の変形をアピアランス分割したほうが、アンカーポイントの少ないパスに変換されます。

# 5 パスの変形

元の形を変更しないで、プレビューイメージを変形します。アウトラインに沿ったジグザグな線やグニャグニャな線も簡単に作成できます。

## 効果によるパスの変形

① パスを選択します。

② ［効果→パスの変形→パンク・膨張］を選択します。

③ オプションの値を設定します。

④ 「OK」ボタンをクリックして変形を確定します。

📌 ［パンク・膨張］の効果は、オブジェクトの中心点を基準に、アンカーポイントを外側に移動してセグメントを内側に曲げるか（収縮）、アンカーポイントを内側に移動してセグメントを外側に曲げます（膨張）。

📌 アンカーポイントを動かしたり追加・削除すると、プレビューの形も変わります。

📌 効果を削除するときは、「アピアランス」パネルで効果を選択して、削除ボタン🗑をクリックします。

📌 パスの変形の設定を編集するときは、「アピアランス」パネルの効果名（アンダーラインの上）をクリックしてダイアログボックスを開きます。

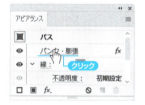

## アピアランスを分割する

① 変形したパスを選択します。

② ［オブジェクト→アピアランスを分割］を選択すると、プレビューと同じ形状のパスになります。

その他のパス変形効果

### ジグザグ
各セグメントをジグザグ（直線的に）または波線（滑らかに）に変形します。パスのアウトラインから、ジグザグの頂点までの距離を「大きさ」で設定して、1つのセグメントに作るジグザグの数を「折り返し」に設定します。

### ラフ
フリーハンドで描いたように変形します。尖ったエッジにするときは「ギザギザ」に、滑らかなエッジにするときは「丸く」に設定します。1インチあたりに作成するエッジの密度を「詳細」に設定して、線の最大長を「サイズ」に設定します。

### ランダム・ひねり
水平方向と垂直方向に移動する量を指定して、選択したポイントをランダムに動かします。グチャグチャに変形します。

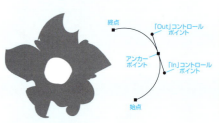

### 旋回
回転角度を入力して、渦を巻いたように変形します。正の値を入力すると時計回りに旋回して、負の値を入力すると反時計回りに旋回します。

### パスの自由変形
コーナーにあるハンドルを動かして変形します。

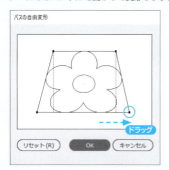

### 変形
「拡大・縮小」「移動」「回転」などの変形をまとめて指定でき、「コピー」を設定すると、パスの分身が作成できます。

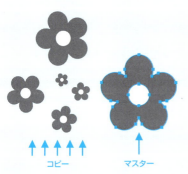

# 8-6 スタイライズ

オブジェクトに光や影の効果をつけたり、パスを変形しないで角を丸くすることができます。

## 効果によるスタイライズ

① オブジェクトを選択します。

② ［効果→スタイライズ→ドロップシャドウ］を選択します。

③ オプションの値を設定します。

④ 「OK」ボタンをクリックして効果を確定します。

## アピアランスを分割する

① オブジェクトを選択します。

② ［オブジェクト→アピアランスを分割］を選択して、影の部分を埋め込み画像に変換します。

> スタイライズ効果の設定を変更するときは、「アピアランス」パネルの効果名をクリックしてダイアログボックスを開きます。解除するときは、効果名を選択して削除ボタン  をクリックします。

❸ オブジェクトはグループ化されています。グループ選択ツール で影だけ選択して移動してみましょう。

 その他のスタイライズ効果

**ぼかし**
選択したオブジェクトの輪郭が、背面のイメージに溶け込むように透明になります。

**光彩（内側）**
選択したオブジェクトの内側で発光する光彩を作成します。

**光彩（外側）**
選択したオブジェクトの外側で発光する光彩を作成します。

**落書き**[*1]
塗りや線を落書き風のペイントタッチに変換します。

**角を丸くする**[*1]
コーナーポイントを滑らかな曲線に変形します。

効果で作成するPhotoshop効果やドロップシャドウなどのイメージは、［効果→ドキュメントのラスタライズ効果設定］で画質を設定します。解像度の設定が結果に大きく影響します。

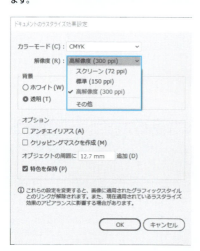

＊1：パスオブジェクトやテキストオブジェクトに適用します。配置画像には適用できません。

# 8-7 Photoshop効果

Photoshopと同じフィルタを使ってイラストをアレンジできます。

## Photoshop効果を使う

❶ オブジェクトを選択して、グループ化（Ctrl+G）します。

❷ グループ化したオブジェクトを選択したまま、[効果→スケッチ→グラフィックペン]を選択します。

❸ オプションを設定して「OK」ボタンをクリックします。

P [ぼかし][シャープ][ビデオ][ピクセレート]以外は、効果ギャラリーのダイアログボックスで設定します。フィルタのサムネールをクリックして、効果を切り替えることができます。

P Photoshop効果をパスオブジェクトに適用する場合は、[ドキュメントのラスタライズ効果設定]の解像度に合わせて効果を適用しますが、配置した写真に適用する場合は、その写真自体の解像度に合わせて効果を適用します。

P Photoshop効果の設定を変更するときは、「アピアランス」パネルの効果名をクリックしてダイアログボックスを開きます。削除するときは、「アピアランス」パネルの効果名を選択して削除ボタン🗑をクリックします。

# 8 不透明度と描画モード

📁 PART08 ▶ 📄 P08Sec08_01.ai

不透明度に塗りや線のカラーの透明度を設定します。描画モードは、重なり合うオブジェクトのカラーを特殊な方法で合成します。適用したオブジェクトの背面にあるすべてのオブジェクトに描画モードの効果が表れます。

## オブジェクトに不透明度を設定する

① オブジェクトを選択します。

② 「透明」パネルで「不透明度」の値を設定します。

③ 背面のオブジェクトが透けて見えます。

## グループに不透明度を設定する

① 選択ツール ▶ でグループを選択します。

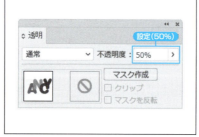

② 「透明」パネルで「不透明度」の値を設定します。

③ グループ全体を1つのオブジェクトとして扱い、グループ内のオブジェクト同士に不透明度の効果は適用されません。

## グループ内のオブジェクトに不透明度を設定する

① グループ選択ツール で グループ内の1つ（F）を選択します。

② 「透明」パネルで「不透明度」の値を設定します。
他のオブジェクト（A・N・C・Y）も、同じ手順で不透明度を設定します。

③ グループ内で重なっていた部分が透けて見えます。

個別に不透明度を設定してからグループ化しても同じです。

④ 選択ツール でグループを選択します。

⑤ パネルメニューの［オプションを表示］を選択して、点線Ⓐから下の項目を表示します。「透明」パネルで「グループの抜き」をオンに設定します。

⑥ グループ内で重なっていた部分が見えなくなります。

## 描画モードで合成する

① 選択ツール でグループを選択します。

② 「透明」パネルの描画モード（ハードライト）を設定します。

③ グループと背面イメージが重なり合う部分に、描画モードが適用されます。

219

## グループ内だけに描画モードを適用する

① 選択ツール ▶ でグループを選択します。

②「透明」パネルの「描画モードを分離」をオンにします。

③ グループ内で重なっている部分だけに描画モードを適用します。

**乗算**
前面と背面のカラーを「R」「G」「B」ごとに乗算した数値を組み合わせて表示します。透明フィルムに印刷したイメージを重ねたようになります。

**スクリーン**
前面と背面のカラーを反転して、「R」「G」「B」ごとに乗算した数値を組み合わせて表示します。乗算モードとは逆に明るくなります。

**オーバーレイ**
背面の暗い部分は乗算モードで、明るい部分はスクリーンモードで合成します。

**覆い焼きカラー**
前面のカラーが白に近いほど覆い焼き（明るくする）効果が強くなります。黒で合成した場合は、背面のカラーをそのまま表示します。

**焼き込みカラー**
前面のカラーが黒に近いほど焼き込み（暗くする）効果が強くなります。白で合成した場合は、背面のカラーをそのまま表示します。

**ソフトライト**
前面の暗い部分は焼き込みモードで、明るい部分では覆い焼きモードで合成します。

**ハードライト**
前面の暗い部分は乗算モードで、明るい部分はスクリーンモードで合成します。

**比較（暗）**
前面と背面のカラーを比較して、「R」「G」「B」の「0」（暗い色）に近い数値だけを組み合わせて表示します。

**比較（明）**
前面と背面のカラーを比較して、「R」「G」「B」の「255」（明るい色）に近い数値だけを組み合わせて表示します。

**差の絶対値**
前面と背面のカラーを比較して、「R」「G」「B」の明るい値から暗い値を引いた数値で組み合わせて表示します。ホワイトに重ねた場合のイメージは反転しますが、ブラックとの合成では変化しません。

**除外**
差の絶対値を弱めた効果になりますが、ホワイトでは反転、ブラックではそのまま表示することは同じです。

**色相**
背面の輝度と彩度に、前面の色相を組み合わせたカラーを表示します。

**彩度**
背面の輝度と色相に、前面の彩度を組み合わせたカラーを表示します。

**カラー**
背面の輝度に、前面の彩度と色相を組み合わせたカラーを表示します。

**輝度**
背面の彩度と色相に、前面の輝度を組み合わせたカラーを表示します。

※2色刷りの本書では、合成の違いを表現できません。
実際にサンプルデータで試して確認してください。

 描画モードはRGBのカラー値を合成する機能です。CMYKのカラーモードに設定したドキュメントでも合成できますが、本来の合成結果とは異なります。

## 不透明マスクを作成する

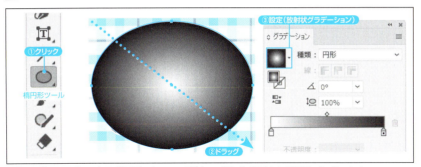 

**1** グレースケールのグラデーションで塗りつぶした楕円を最前面に作成します。

**2** オブジェクト全体を選択します。

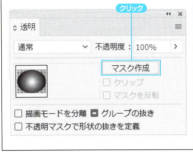 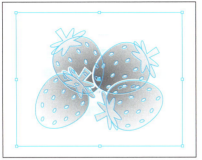

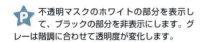

P 不透明マスクのホワイトの部分を表示して、ブラックの部分を非表示にします。グレーは階調に合わせて透明度が変化します。

P 「クリップ」をオフにすると、マスクオブジェクトの背景がホワイトになり、マスクオブジェクトの外側を表示します。「マスクを反転」をオンにしても背景は反転しません。

**3** 「マスク作成」ボタンをクリックします。

**4** マスクオブジェクトの階調に合わせてイメージが表示されます。

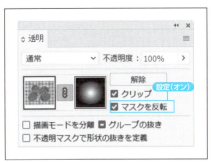  

**5** 「透明」パネルの「マスクを反転」をオンにすると、プレビューイメージの不透明度が反転します。

P テキストを使って文字の形でマスクすることもできます。また、ラスタライズしたオブジェクトや写真画像もマスクオブジェクトに使用できます。

## マスクオブジェクトを編集する

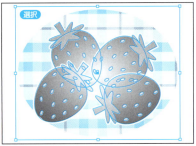 

❶ マスクしたオブジェクト全体を選択します。

❷ 「透明」パネルの右にあるサムネールをクリックすると、マスクオブジェクトだけが選択され、マスクの編集モードになります。

 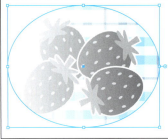

❸ グラデーションの種類を「線形」に変更します。

❹ 「透明」パネルの左のサムネールをクリックして、通常の編集モードに戻ります。

## 不透明マスクのリンクを解除する

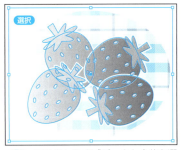   

❶ マスクしたオブジェクト全体を選択します。

❷ 「透明」パネルのチェーンアイコン 🔗 をクリックします。

❸ 不透明マスクのリンクが解除され、イラストだけ移動できます。再リンクするときは、リンク切れアイコン 🔗 をクリックします。

# 特殊効果の練習

- □ エンベロープで変形できるか？ → 虹のオブジェクトをアーチ状に変形します。
- □ パスの変形効果を適用できるか？ →白い2つの楕円を雲形に変形します。膨張はセグメントごとに膨らみます。アンカーポイントの数も調整しましょう。
- □ スタイライズ効果を適用できるか？→ 雲の輪郭にぼかしをつけます。
- □ 不透明度を設定できるか？→ 虹の後ろに隠れた鳥が透けてみえるようにします。

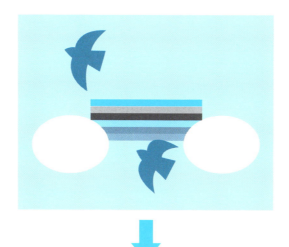

アーチ状にして半透明にしましょう。

膨張させてぼかしましょう。

# 9 3D

オブジェクトを3種類の立体的なイメージに表示できます。立体像にはシンボルに登録したイメージをマッピングすることができます。

**押し出し・ベベル**
オブジェクトのZ軸方向に奥行きを加えた立体像を表示します。押し出した側面にベベル形状を適用できます。

**回転**
オブジェクトに立体的な厚みはつけないで、3D空間で回転しているイメージを表示します。

**回転体**
オブジェクトが断面図となり、軸を中心に回転した立体像を表示します。回転を途中で止めることもできます。

## 文字を押し出す

❶ テキストを選択します。

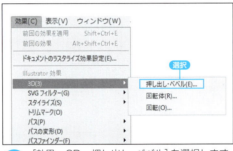

❷ ［効果→3D→押し出し・ベベル］を選択します。

テキストをアウトライン化しなくても、3D効果を適用できます。アウトライン化しなければ、文字の修正ができます。

文字ツールでテキストを選択

入力した文字が3Dになる

❸ 押し出し・ベベルオプションを設定します。

❹「OK」ボタンをクリックして、押し出し効果を確定します。

## パスを押し出す

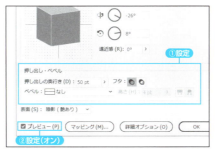

❶ パスを選択して、[効果→3D→押し出し・ベベル]を選択します。

❷ 押し出し・ベベルオプションを設定して、「プレビュー」で結果を確認します。
※「OK」ボタンで確定せずに、オプションを変えてみましょう。

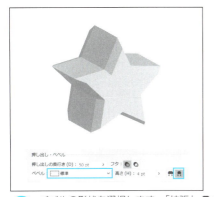

❸ ベベルの形状を選択します。「拡張」ボタンと「縮小」ボタンをクリックすると、ベベルの位置が変わります。

❹ 「側面を開いて空洞にする」ボタンをクリックすると、フタを外したような空洞になります。

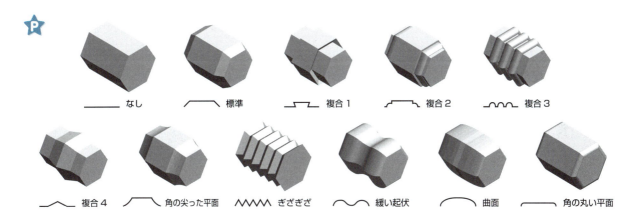

なし　　標準　　複合1　　複合2　　複合3

複合4　　角の尖った平面　　ぎざぎざ　　緩い起伏　　曲面　　角の丸い平面

PART08 ▶ P08Sec09_02.ai

## 回転する

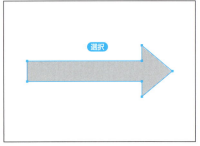
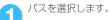
① パスを選択します。

② ［効果→3D→回転］を選択します。

 ビットマップ画像にも3D効果を適用できます。

画像に［回転］を適用

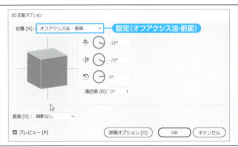
③ 位置オプションを設定します（228ページ参照）。

④ 「OK」ボタンをクリックして、回転効果を確定します。

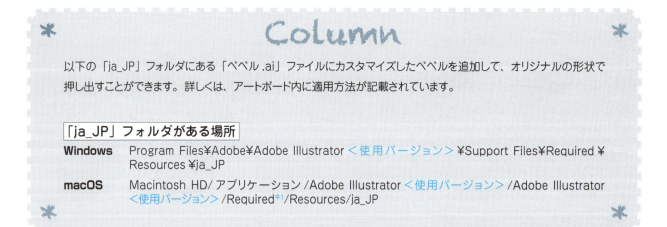

## Column

以下の「ja_JP」フォルダにある「ベベル.ai」ファイルにカスタマイズしたベベルを追加して、オリジナルの形状で押し出すことができます。詳しくは、アートボード内に適用方法が記載されています。

### 「ja_JP」フォルダがある場所

**Windows**　　Program Files¥Adobe¥Adobe Illustrator＜使用バージョン＞¥Support Files¥Required¥Resources¥ja_JP

**macOS**　　Macintosh HD/アプリケーション/Adobe Illustrator＜使用バージョン＞/Adobe Illustrator＜使用バージョン＞/Required[*1]/Resources/ja_JP

*1： macOS Illustratorアプリケーションアイコンをcontrol＋（右クリック）して［パッケージの内容を表示］を選択すると、「Required」フォルダが表示できます。カスタマイズした「ベベル.ai」ファイルは、「プラグイン」フォルダに保存しても使用できます。

## 回転体を作る

❶ パスを選択します。

❷[効果→3D→回転体]を選択します。

❸ 回転体オプションを設定します。

❹「OK」ボタンで確定しないで、「プレビュー」をオンにして結果を確認します。

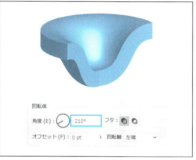

❺「角度」を設定すると、途中で回転を止めることができます。

❻「側面を開いて空洞にする」ボタン ◎ をクリックして、フタを外したような空洞にします。

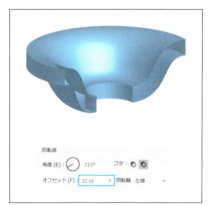

❼「オフセット」でパスと軸の距離を変更します。

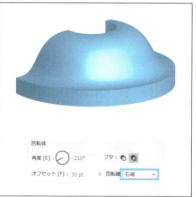

❽「回転軸」を変更して、パスの回転を逆にします。

> この回転体の断面図をアウトライン表示にして確認してみましょう。

## 位置を変える

① オブジェクトを選択します。

② 「アピアランス」パネルの「3D押し出し・ベベル」をクリックします。

③ 「位置」のポップアップメニューからプリセットを選択して、「プレビュー」で結果を確認します。

アイソメトリック法-左面

オフアクシス法-右面

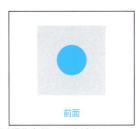
前面

④ 各プリセットの結果を確認したら、次の「自由に位置を変える」操作を行ってください。

**前/背/左/右/上/底面**
各面を角度をつけずに投影します。

**オフアクシス法**
回転軸をずらして回転します。

**アイソメトリック法**
正面や側面の水平線が30度に傾いて、3つの面が同じ角度で均等に見えます。

## 自由に位置を変える

① 立方体の面にポインタを重ねると ✥ のポインタに変わり、ドラッグした方向に回転します。

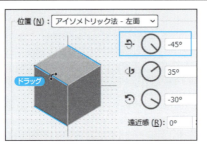

② 立方体の赤のエッジにポインタを重ねてドラッグすると、X軸を中心に回転します。

③ 立方体の緑のエッジにポインタを重ねてドラッグすると、Y軸を中心に回転します。

> Shiftキーを押しながらドラッグすると、グローバルなX軸とY軸で回転します。立方体を囲む円形のフレームをドラッグすると、グローバルなZ軸で回転します。

> 青い面がオブジェクトの正面、薄いグレーが上面と下面、中間のグレーが側面、濃いグレーが背面です。

## 遠近感をつける

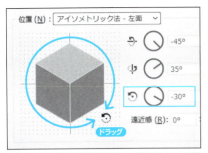
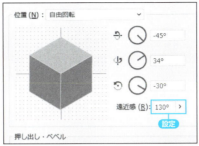

❹ 立方体の外側でドラッグすると、Z軸を中心に回転します。

❶ 「遠近感」テキストボックスに0〜160の値で設定します。値が大きいほど、広角レンズで見たような遠近感になります。
※「遠近感」の設定は、ダイアログボックスの立方体には反映されません。

## 基本オプションで表面設定する

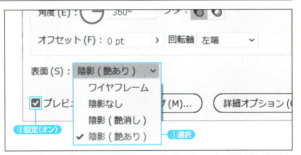

❶ 3Dオブジェクトを選択して、「アピアランス」パネルの「3D回転体」をクリックします。

❷ 表面オプションを選択して、「プレビュー」で結果を確認します。最初のオブジェクトには、光沢のついた金属的イメージの「陰影（艶あり）」を設定しています。

❸ 「ワイヤーフレーム」を選択すると、細い線と塗りのない3Dオブジェクトになります。

❹ 「陰影なし」を選択すると、立体感のないベタ塗りの3Dオブジェクトになります。

❺ 「陰影（艶消し）」を選択すると、光沢のないやわらかなイメージの3Dオブジェクトになります。
※表面オプションを「陰影（艶あり）」に戻して次ページの操作を続けてください。

## 詳細オプションで表面設定する

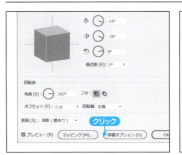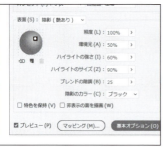

❶「詳細オプション」ボタンをクリックして詳細オプションを表示します。

❷ 小さな丸をドラッグすると、オブジェクトを照らすライトの位置が変わります。

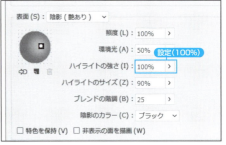

❸「ハイライトの強さ」の値を上げると、光沢が強くなります。

P もっと強いハイライトにする場合、複数のライトを同じ位置に作成します。

P 3Dオブジェクトに［オブジェクト→アピアランスを分割］を適用すると、パスオブジェクトに変わります。

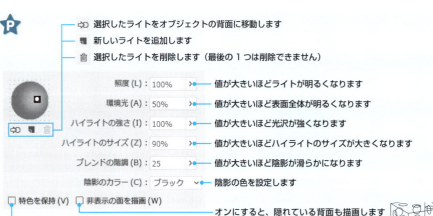

## シンボルに登録する

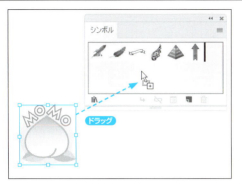

① マッピングするイメージを選択します。

② 「シンボル」パネルの空いているスペースにマッピングするイメージをドラッグします。

③ 「シンボルオプション」ダイアログボックスが開いたら、「OK」ボタンをクリックします。

> Illustratorで作るほとんどのイメージを、シンボルに登録できます（リンクが設定されたオブジェクトや、通常のオブジェクトに変換していないグラフなどは登録できません）。

> 写真や精巧に描いたイメージをマッピングすると、リアルな3Dイラストになります。

## マッピングの設定をする

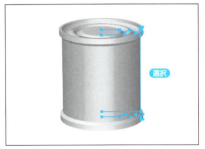

① 3Dオブジェクトを選択します。

② 「アピアランス」パネルの「3D回転体」をクリックします。

③ 「マッピング」ボタンをクリックして、「アートをマップ」ダイアログボックスを開きます。

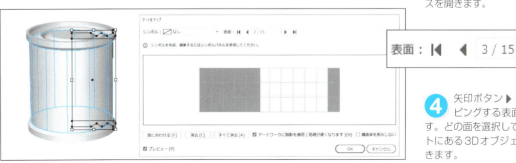

④ 矢印ボタン▶をクリックして、マッピングする表面（3/15）を選択します。どの面を選択しているかは、ドキュメントにある3Dオブジェクトの赤い線で確認できます。

📁 PART08 ▶ 📄 P08Sec09_04.ai

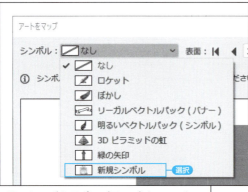

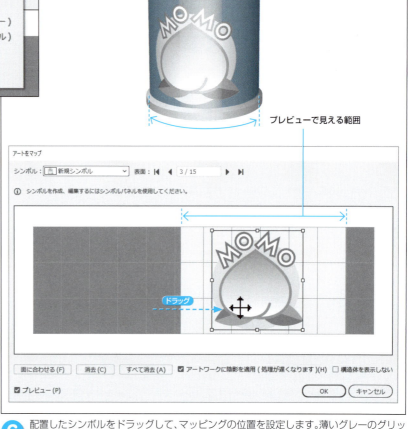

❺ シンボルのポップアップメニューから、登録したイメージを選択します。

P 「シンボル」パネルのシンボルとマッピングしたシンボルはリンクしています。「シンボル」パネルのシンボルを編集すると、マッピングしたシンボルも更新します。「シンボル」パネルのシンボルをダブルクリックすると、シンボル編集モードになります。

P 「構造体を表示しない」をオンにすると、マッピングしたシンボルだけ表示します。

❻ 配置したシンボルをドラッグして、マッピングの位置を設定します。薄いグレーのグリッド面が現在のプレビュー角度で見える表面です。「プレビュー」をオンにすると、ドキュメントの3Dオブジェクトにマッピングイメージが表示されます。

232

# 3Dの練習

**課題⑳**

3D効果で「イチゴ」を作成してください。

- ☐ 複数のパスを1つの3Dオブジェクトにできるか？ → グループ化してから適用します。
- ☐ 立体化した面にぴったりマッピングできるか？ → 「面に合わせる」機能を適用します。
- ☐ ヘタの形を表示できるか？ → 構造体を表示しないで、マッピングイメージだけを表示します。

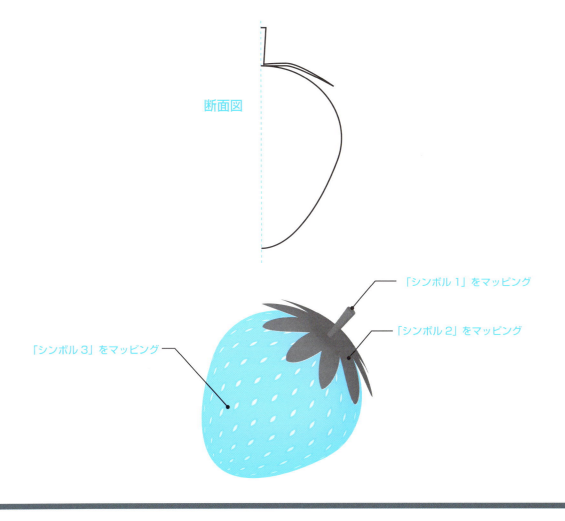

# 8-10 遠近グリッド

> パースをつけたグリッドを表示して、透視投像の作図をサポートします。
> 一点遠近法、二点遠近法、三点遠近法の3種類のグリッドが表示できます。図形ツールもグリッド面に合う形状で描画できます。

## 遠近グリッドを表示する

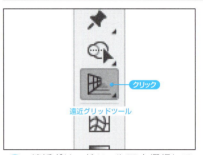

① 遠近グリッドツール を選択して、二点遠近法（初期設定）のグリッドを表示します。

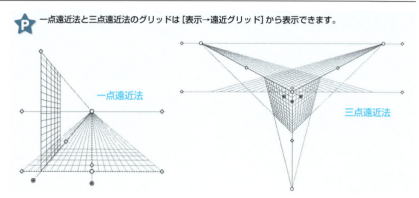

一点遠近法と三点遠近法のグリッドは［表示→遠近グリッド］から表示できます。

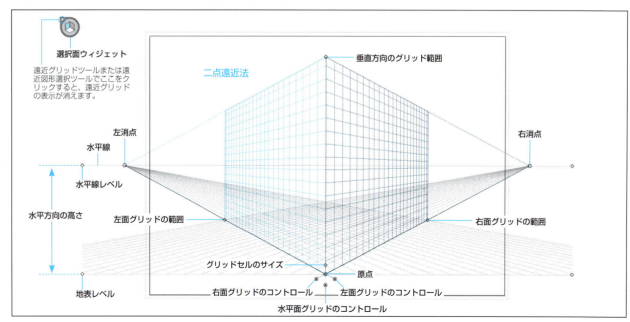

## 遠近グリッドを定義

1 ［表示→遠近グリッド→グリッドを定義］を選択して、「遠近グリッドを定義」ダイアログボックスを開きます。

保存した遠近グリッドのプリセットを編集するときは、［編集→遠近グリッドプリセット］を選択します。「遠近グリッドプリセット」ダイアログボックスが開いたら、編集するプリセットを選択して「編集」ボタンをクリックします。

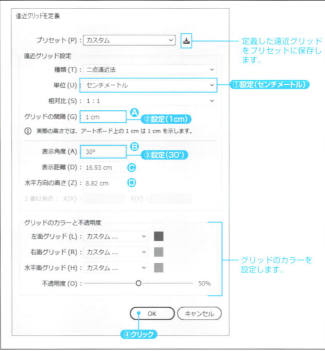

2 「単位：センチメートル」「グリッドの間隔：1cm」「表示角度：30°」に設定します。

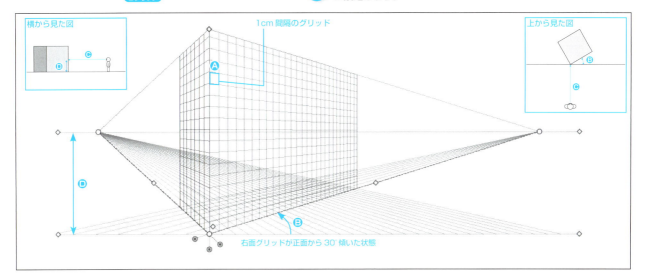

PART08 ▶ P08Sec10_01.ai

## イラストを遠近グリッドに配置する

① 遠近図形選択ツール ▸ を選択します。

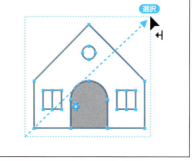

② 配置するパスを選択します。

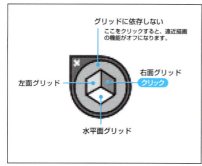

③ 選択したパスを右面グリッドに配置するので、選択面ウィジェットの右面グリッドをクリックします。

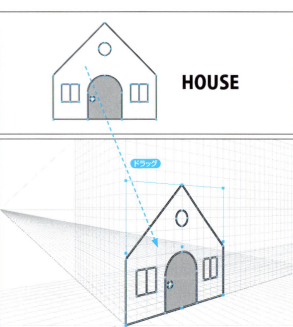

④ 選択したパスをドラッグして、右面グリッドに配置します。イラストのサイズがW120mm×H110mmなので、1cm間隔のグリッドにぴったり収まります。

⑤ テキストを遠近グリッドに配置すると、アウトライン化したパスになります。

> 「環境設定」の［一般］にある「プレビュー境界を使用」がオンの場合、線幅を含めたサイズを表示します（イラストを選択すると、「コントロール」パネルのサイズ表示が「W121.411mm×H111.703mm」になります）。

## 配置したイラストを移動する

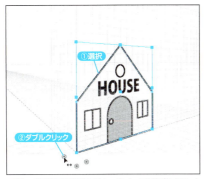

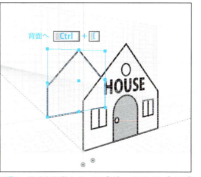

1. 遠近図形選択ツール で移動するオブジェクトを選択して、右面グリッドのコントロールをダブルクリックします。

2. 「位置：-12cm」「選択中のオブジェクトをコピー」をオンに設定します。

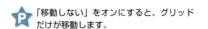
「移動しない」をオンにすると、グリッドだけが移動します。

3. 複製移動したオブジェクトに［オブジェクト→重ね順→背面へ］（Ctrl + [ ）を適用します。

## グリッドに沿って図形を描画する

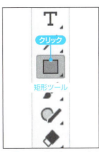   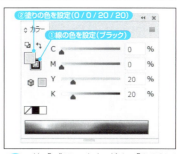

1. 長方形ツール □ を選択して、選択面ウィジェットの左面グリッドをクリックします。

2. 左面グリッドの上をドラッグして、パースに沿った長方形を描画します。

3. 線「ブラック」、塗り「C:0%／M:0%／Y:20%／K:20%」に設定します。

 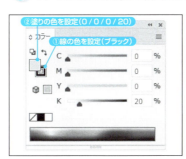

4. 窓の長方形を4つを描きます。

5. 線「ブラック」、塗り「C:0%／M:0%／Y:0%／K:20%」に設定します。

以下の図形ツールは、遠近グリッドのパースに合わせた描画ができます。フレアツールは対象外です。

■ 長方形ツール　　■ 角丸長方形ツール
● 楕円形ツール　　● 多角形ツール
☆ スターツール　　⌒ 円弧ツール
◎ スパイラルツール
⊞ 長方形グリッドツール
◉ 同心円グリッドツール

## パスを描き加える

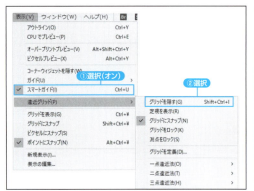  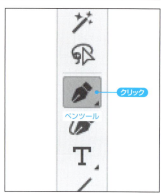

① ［表示→スマートガイド］（ Ctrl + U ）をオンにして、［表示→遠近グリッド→グリッドを隠す］（ Shift + Ctrl + I ）を選択します。

② ペンツール を選択します。

 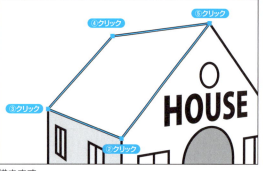

③ 壁面のコーナにスナップさせて、屋根を描きます。
※スマートガイドをオンにしないと、コーナーにスナップしません。

左面グリッド、右面グリッド、水平面グリッドに面した図形のみ、遠近描画ができます。屋根のようなグリッド面に合わない斜めの図形は手動で描きます。

 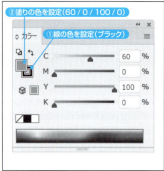 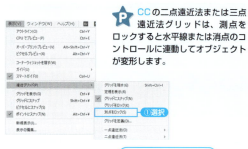

④ 線「ブラック」、塗り「C:60% /M:0% /Y:100% /K:0%」に設定します。

CCの二点遠近法または三点遠近法グリッドは、測点をロックすると水平線または消点のコントロールに連動してオブジェクトが変形します。

ただし、ペンツールでグリッドに描いたパスは変形しません。

# PART 9

## アピアランスとレイヤー

# 「アピアランス」パネルの操作

PART09 ▶ P09Sec01_01.ai

「アピアランス (appearance)」を訳すと、「外観」「容姿」のような意味になります。
Illustratorでは、オブジェクトに設定した塗りや線、効果や不透明度など、プレビューイメージに反映されるすべての属性を総称してアピアランスと呼びます。
「アピアランス」パネルには、選択したオブジェクトに設定した属性が表示されます。アピアランスの属性には順番があり、線と塗りはパネルの下から順番に重なるように表示されます。効果はアートワークに適用した順序で上から順に表示されます。
表示された属性は、パネル内の操作で順番や設定を変更したり、削除することができます。

## オブジェクトの属性を確認する

① オブジェクトを選択します。

② 「アピアランス」パネルでオブジェクトに設定している属性が確認できます。

> テキストの表示内容は、選択方法で異なります。

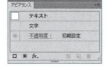

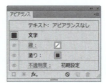

## 「塗り」と「線」の順番を入れ換える

① パスを選択します。
※線の位置を「線の中央に揃える」に設定しています。

② 「アピアランス」パネルの「塗り」をドラッグして、「線」の上に移動します。

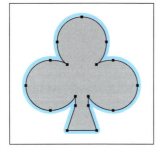

③ 「塗り」が「線」の前面になり、線幅の半分が隠れます。

PART09 ▶ P09Sec01_01.ai

## 「塗り」だけに不透明度を設定する

❶ パスを選択します。

❷ 「アピアランス」パネルの「塗り」の>をクリックして、「不透明度」の属性を表示します。※表示されている場合は次の手順へ。

❸ 「不透明度：」をクリックして、「透明」パネルを開きます。

❹ 不透明度の値を「50%」に設定します。

❺ 「塗り」だけ半透明になります。

## 「線」だけに効果を設定する

❶ パスを選択します。

❷ 「アピアランス」パネルの「線」を選択します。

❸ パネル下部にある「新規効果を追加」ボタン fx. をクリックして、[パスの変形→変形] を選択します。

241

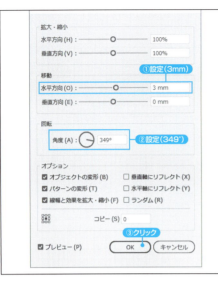
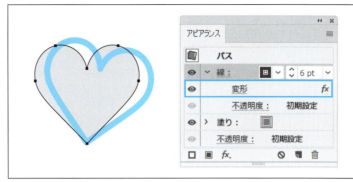

④ 「変形効果」ダイアログボックスでオプションを設定して、「OK」ボタンをクリックします。

⑤ 「線」だけ変形します。

## 効果の設定値を変更する

① オブジェクトを選択します。

② 「アピアランス」パネルの「ドロップシャドウ」をクリックします。

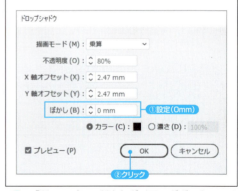

③ 「ドロップシャドウ」ダイアログボックスでオプションを設定して、「OK」ボタンをクリックします。

④ 効果が更新されます。

クリックする場所に注意してください。

この範囲をクリックすると、効果を編集するダイアログボックスが開きます。

項目を選択するときは、この範囲をクリックします。

ここをダブルクリックすると、効果を編集するダイアログボックスが開きます。

## アピアランス項目を削除する

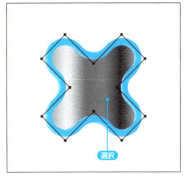

❶ オブジェクトを選択します。

❷ 削除するアピアランスを選択して、「選択した項目を削除」ボタン🗑をクリックします。

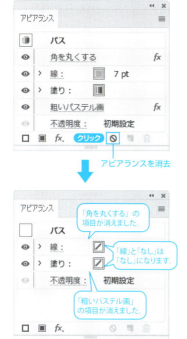

💡 「アピアランスを消去」ボタン⊘をクリックすると、設定した効果はすべて消えて、基本の「塗り」と「線」は「なし」になります。

❸ 選択したアピアランスが消えます。

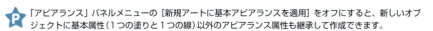

💡 「アピアランス」パネルメニューの［新規アートに基本アピアランスを適用］をオフにすると、新しいオブジェクトに基本属性（1つの塗りと1つの線）以外のアピアランス属性も継承して作成できます。

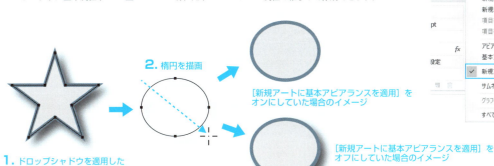

243

## 新規塗りを追加する

❶ パスを選択します。

❷ 「アピアランス」パネルの「塗り」を選択して、パネル下部にある［新規塗りを追加］ボタン■をクリックします。

❸ 選択した塗りの1つ上に新しい塗りが追加されます。

> 手順❷で何も選択しないと、最前面（線の上）に追加されます。

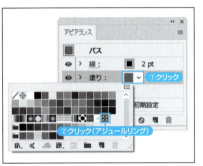

❹ 「塗り」ボックスをクリックして、パターンを選択します。

❺ 追加したパターンの模様と、背面の塗り色が重なります。

※「アジュールリング」は模様以外が透明のパターンです。

❻ 背面の「塗り」を選択します。

❼ 「塗り」ボックスを Shift キーを押しながらクリックして、カラー値を設定します。

※カラーパネルのカラーモードは「RGB」に設定します。

❽ 簡単にカラーアレンジできます。

> 「アピアランス」パネルの塗りや線のカラーボックスをクリックすると、「スウォッチ」パネルが開きます。 Shift キーを押しながらクリックすると、「カラー」パネルが開きます。

> パターンの色も一緒にアレンジするときは、「オブジェクトを再配色」（132ページ参照）の機能が便利です。

PART09 ▶ P09Sec01_02.ai

塗りの組み合わせアイデアです。

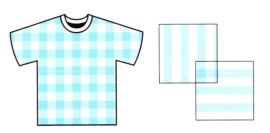

ヨコ縞のパターンの上に、追加した同じパターンを[効果→パスの変形→変形]でパターンのみ90度回転して、「乗算」で重ねています。

乗算で重なる部分に濃淡差をつくると、ギンガムチェックらしく見えます。

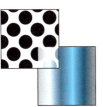

レインボーのグラデーションの上に、白黒のドットパターンを「比較（明）」で重ねています。
ドットパターンの黒の範囲に背面のグラデーションカラーが表示されます。

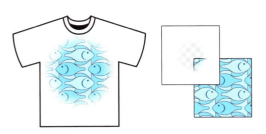

魚模様のパターンの上に、中心が透明の円形グラデーションを重ねています。グラデーションの透明部分に背面の魚模様が表示されます。

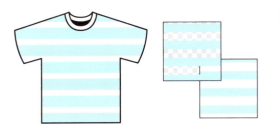

ヨコ縞のパターンの上に、同じ模様で白い部分が透明のパターンを重ねています。追加したパターンの垂直移動で水色の線幅を変えることができます。

245

## 新規線を追加する

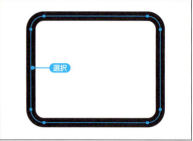
❶ パスを選択します。

❷ 「アピアランス」パネル下部にある［新規線を追加］ボタン□をクリックします。

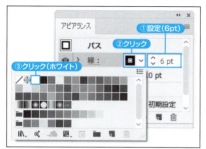
❸ 追加した線の線幅を細くして、カラーをホワイトに変更します。

❹ 二重線に見えます。

❺ 追加した線（アンダーラインの上）をクリックして、破線を設定します。

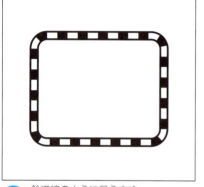
❻ 鉄道線のように見えます。

線の組み合わせアイデアです。

実線の上に、違う色の破線を重ねています。

「丸形線端」の破線の上に、「突出線端」の破線を重ねています。

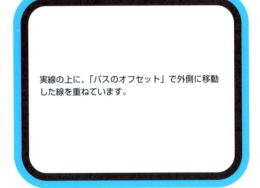

実線の上に、「パスのオフセット」で外側に移動した線を重ねています。

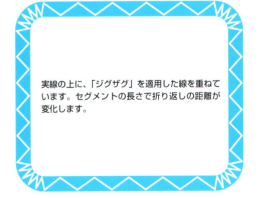

実線の上に、「ジグザグ」を適用した線を重ねています。セグメントの長さで折り返しの距離が変化します。

## アピアランス属性をグラフィックスタイルに登録する

① オブジェクトを選択します。

② 「アピアランス」パネルのサムネールを、「グラフィックスタイル」パネルの空いているスペースにドラッグします。

③ 登録したグラフィックスタイルをダブルクリックして、名前を設定します。

## グラフィックスタイルを適用する

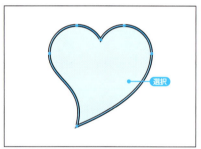
① オブジェクトを選択します。

② 適用するグラフィックスタイルをクリックします。

## グループにグラフィックスタイルを適用する

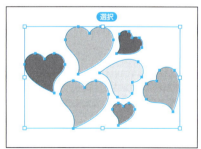
① グループオブジェクトを選択します。

② 「アピアランス」パネルの「内容」をダブルクリックします。

PART09 ▶ P09Sec01_04.ai

③ 適用するグラフィックスタイルをクリックします。

④ グループ内の各オブジェクトにグラフィックスタイルが適用されます。

「アピアランス」パネルの「内容」をダブルクリックしないと、グループレイヤーに対してグラフィックスタイルが適用され、各オブジェクトに設定したアピアランス属性と競合してしまいます。

「内容」をダブルクリックしないで適用した失敗例

## グラフィックスタイルを変更する

① オブジェクトに使用しているグラフィックスタイルを選択します。
※オブジェクトの選択を解除してから操作します。

② 「アピアランス」パネルの「ドロップシャドウ」をクリックします。

③ オプションを変更して「OK」ボタンをクリックします。

④ 「アピアランス」パネルメニューから、[グラフィックスタイルを更新（L）"ハート"]を選択します。

⑤ グラフィックスタイルとリンクしているオブジェクトのアピアランスが更新されます。

「グラフィックスタイル」パネルメニューの[グラフィックスタイルライブラリを開く]、または[ウィンドウ→グラフィックスタイルライブラリ]メニューからプリセットのグラフィックスタイルを読み込むことができます。

グラフィックスタイルのリンクを解除する場合、オブジェクトを選択[*1]して「グラフィックスタイルへのリンクを解除」ボタンをクリックします。以降、グラフィックスタイルを更新しても、解除したオブジェクトのスタイルは更新されません。

*1：グループオブジェクトの場合、「アピアランス」パネルの「内容」をダブルクリックします。

249

# 9-2 「レイヤー」パネルの操作

PART09 ▶ P09Sec02_01.ai

「レイヤー」パネルは、ドキュメント内のオブジェクトの一覧表示、整理、編集ができます。作成するオブジェクトはすべてレイヤーに一覧表示され、最前面にあるオブジェクトは、「レイヤー」パネルの一番上に表示されます。
「レイヤー」パネルだけでオブジェクトの重なり順を変更したり、アピアランスの移動もできます。

## 各種コラム

❶ 表示コラム
❷ 編集コラム
❸ ターゲットコラム
❹ 選択コラム

## 「レイヤー」パネルでオブジェクトを選択する

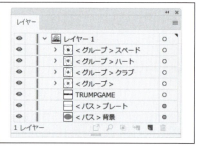

❶ 「レイヤー」パネルの「レイヤー 1」の>をクリックして、レイヤー内に作成したオブジェクトを表示します。

💡 グループの>をクリックすると、グループに含まれるオブジェクトを表示します。

❷ 選択したい項目の選択コラムをクリックします。

❸ 項目が選択されるとカラーボックス(■)が表示されます。

💡 複数のオブジェクトを選択するときは、Shiftキーを押しながら選択コラムをクリックします。選択した■をShiftキーを押しながらクリックすると、選択が解除されます。

## 選択したオブジェクトをレイヤーに表示する

1. オブジェクトを選択します。
※グループ選択ツールでスペードのマークだけ選択します。

2. パネル下部にある「オブジェクトの位置」ボタン🔍をクリックします。たくさんある項目から、目的の項目を探す場合に便利です。

> 複数のオブジェクトを選択したときは、重なり順の一番上にあるオブジェクトの位置が表示されます。

## レイヤーの名前を設定する

1. 「レイヤー」パネルの項目をダブルクリックします。

2. 名前を設定して、「OK」ボタンをクリックします。

> テキストオブジェクトの名前は、入力した文字がそのまま名前に設定されます。文字を変更すると、名前も更新されます。ただし、名前を変更するとリンクが切れて更新されなくなります。テキストだけは名前の変更を避けましょう。

## 「レイヤー」パネルで重なり順を変更する

1. 「レイヤー」パネルの項目をドラッグして順番を入れ換えます。オブジェクトを選択しなくても、重なり順の変更ができます。

2. プレビューイメージも「レイヤー」パネルと同じ順番になります。
※動作を確認したら編集前の状態に戻してください。

251

## 重なり順を反転する

① Ctrl キーを押しながら項目名をクリックして、複数の項目を選択します。
※複数選択できるのは同一レイヤーにある項目だけです。

② パネルメニューの [順序を反転] を選択します。
※動作を確認したら編集前の状態に戻してください。

## 「レイヤー」パネルで表示/非表示を切り替える

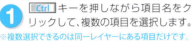

① 「レイヤー」パネルの左端にある表示コラム ◉ をクリックします。

② クリックした項目が非表示になります。同じところをクリックすると、表示が戻ります。※動作を確認したら編集前の状態に戻してください。

> Ctrl キーを押しながらレイヤー [*1] の ◉ をクリックすると、そのレイヤーだけアウトライン表示になります。再度 Ctrl キーを押しながら ◉ をクリックすると、プレビュー表示に戻ります。

## 「レイヤー」パネルでオブジェクトをロックする

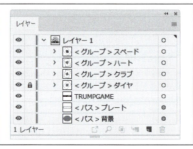
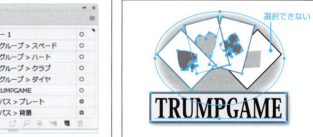

① ロックしたい編集コラムをクリックします。

② ロックアイコン 🔒 が表示されたオブジェクトは選択できません。
※動作を確認したら編集前の状態に戻してください。

*1：「レイヤー1」などのレイヤーやサブレイヤーが対象です。個々のオブジェクトには適用できません。

## 新しいレイヤーを作成する

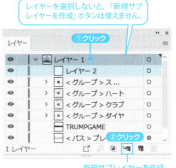

「レイヤー」パネルの「新規レイヤーを作成」ボタン ■ をクリックして、新しいレイヤー（「レイヤー 2」）を作成します。

P 選択したレイヤーの1つ上に新しいレイヤーを作成します。レイヤーを選択しない場合は、一番上に新しいレイヤーを作成します。

P 「新規サブレイヤーを作成」ボタン ■ をクリックすると、選択したレイヤーの中に新しいレイヤーを作成します。

レイヤーを選択しないと、「新規サブレイヤーを作成」ボタンは使えません。

## オブジェクトを別のレイヤーへ移動する

① 選択コラムをクリックして、移動するオブジェクトを選択します。複数のオブジェクトを選択するときは、Shift キーを押しながらクリックします。

② 移動先の「レイヤー 2」を選択します。

③ [オブジェクト→重ね順→現在のレイヤーへ] を選択します。

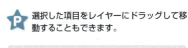

④ 選択したオブジェクトが「レイヤー 2」に移動します。

P 選択した項目をレイヤーにドラッグして移動することもできます。

## レイヤーにアピアランスを設定する

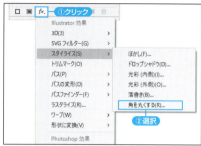

① 「レイヤー」パネルで「レイヤー 2」のターゲットコラムをクリックします。

② 「アピアランス」パネルの「新規効果を追加」ボタン fx. から［スタイライズ→角を丸くする］を選択します。

③ 半径を設定して「OK」ボタンをクリックします。

④ 「レイヤー 2」にあるオブジェクトの角が丸くなります。

> アピアランス属性を設定したレイヤー（またはグループ）からオブジェクト移動すると、そのアピアランスの効果は失われます。これは、レイヤー内の各オブジェクトに対してではなく、レイヤーに対してアピアランス効果が適用されているためです。

## アピアランス属性を移動する

① 「レイヤー 2」のターゲットコラム ◎ を「レイヤー 1」のターゲットコラム ◎ に重ねるようにドラッグします。

② 「レイヤー 2」の「角を丸くする」効果が移動して、「レイヤー 1」にあるオブジェクトの角が丸くなります。

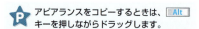

> アピアランスをコピーするときは、Alt キーを押しながらドラッグします。

## アピアランス属性を削除する

> ターゲットコラムに ○ が表示されている項目には、基本属性（1つの塗りと1つの線）以外のアピアランス属性があることを示しています。アピアランスを移動できるのは、○ で表示されたターゲットです。
> 削除すると、基本属性以外のアピアランス属性が削除されます。

① 「レイヤー 1」のターゲットコラム ○ を「選択項目を削除」ボタン 🗑 にドラッグします。

② 「レイヤー 1」のオブジェクトから角の丸みがなくなります。

## 選択レイヤーを結合する

① Ctrl キーを押しながらクリックして、複数のグループを選択します。最後に選択したグループが結合する親になります。

② パネルメニューの［選択レイヤーを結合］を選択します。

③ 選択したオブジェクトが1つのグループとして結合します。

## すべてのレイヤーを結合する

① 結合する親になるレイヤーを選択します。

② パネルメニューの［すべてのレイヤーを結合］を選択します。

> 結合するレイヤーまたはグループにアピアランス属性がある場合、親の設定は継承されますが、親以外は消去されます。

# アピアランスとレイヤーの練習

「レイヤー」パネルの操作だけで右下のイラストに変更しましょう。

☐ 「レイヤー」パネルでオブジェクトの前後移動ができるか？ → 項目をドラッグして任意の位置に移動します。

☐ 「レイヤー」パネルでアピアランスのコピーができるか？ → Alt キーを押しながらターゲットレイヤーを任意の位置にドラッグします。

「赤ずきんちゃん」だけ
クリッピングマスクの外に出しましょう。

「木」の緑に「草」のアピアランスを
適用しましょう。

「オオカミ」を「木」の後ろに
移動しましょう。

# PART 10

## トレース

# 10-1 下絵のトレース

📁 PART10 ▶ 📄 P10Sec01_01.ai

PART10のサンプルデータ（.aiデータ）は、アートボードだけのデータです。

ラフスケッチのスキャン画像をドキュメントに配置して、イラストを描く下絵として利用します。漫画を描くペン入れのように下絵の上にパスを描き、トレースが終了したら下絵を削除します。

下絵をそののままなぞるのではなく、全体のバランスを調整しながら線を描きましょう。

## ドキュメントに下絵を配置する

① [表示→アートボードを全体表示]（[Ctrl]+[0]）を選択して、アートボードの中心をドキュメントウィンドウの中心に表示します。

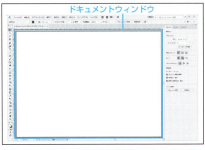

P ドキュメントウィンドウの中心に画像が配置されます。配置したい場所をドキュメントウィンドウの中心に表示してください。

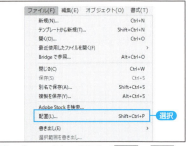

② [ファイル→配置]（[Shift]+[Ctrl]+[P]）*1 を選択します。

③ 「Photo_dino.psd」を選択し、「テンプレート」をオンに設定してから「配置」ボタンをクリックします。

P 配置コマンドの「テンプレート」オプションをオンにすると、トレース作業がしやすいレイヤーオプションに設定されます。

- 下絵専用のレイヤーに画像が配置されます。
- トレーシングペーパーをのせたように画像を薄く*2 表示します。
- 配置画像が移動しないように、下絵のレイヤーをロックします。
- 配置画像がプリント対象外になります。

*1： CS6 v.17 [配置]コマンドのショートカットキーはありません。
*2： 画像の濃さは、テンプレートレイヤーのレイヤーオプションにある「画像の表示濃度」で設定できます。

## ペンツールを使ってトレースする

❶ ペンツール ✎ を選択します。

❷ 描画したパスの塗りで下絵が隠れないように、塗りを「なし」に設定します。

❸ 線幅を細く、カラーはお好みで。
※下絵と重なっても見分けやすい色にします。

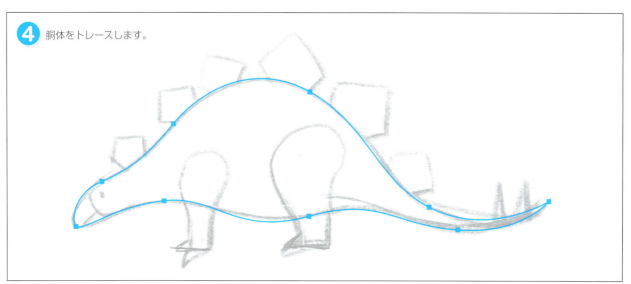

❹ 胴体をトレースします。

❺ 口をトレースします。

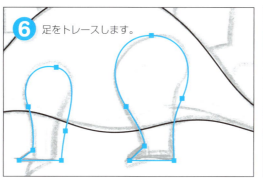

❻ 足をトレースします。

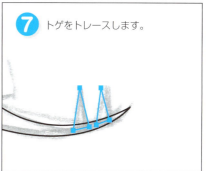

❼ トゲをトレースします。

## 図形ツールを使ってトレースする

① 多角形ツール ◎ を選択します。

② 背びれを五角形のパスで描きます。多角形ツール ◎ をドラッグしながら上下の矢印キーを押して、辺の数を5つに設定します。

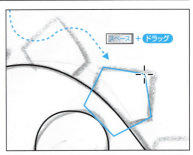
③ マウスボタンを押したまま、スペースキーを押して、図形を移動します。

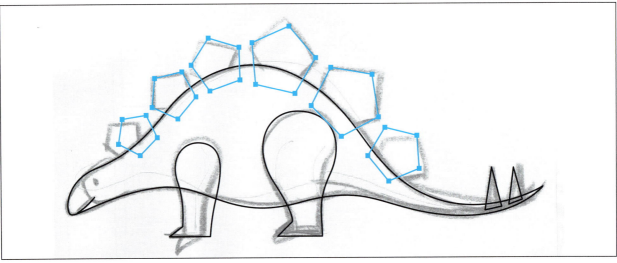
④ 背びれをトレースします。

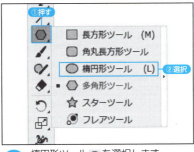
⑤ 楕円形ツール ◎ を選択します。

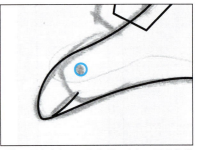
⑥ 目をトレースしたら、トレースの作業は終了です。

## 下絵を削除する

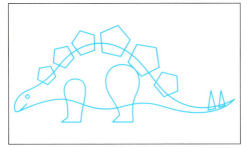

① テンプレートレイヤーの表示コラム ■ をクリックします。

② 下絵を非表示にして、全体のバランスを確認します。必要に応じて下絵の表示を戻します。

③ 下絵が必要なければ、テンプレートレイヤーを「選択項目を削除」ボタン 🗑 にドラッグして、レイヤーごと下絵を削除します。

## 重なり順を変更する

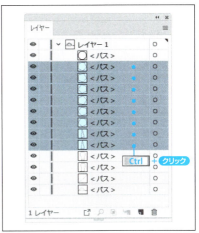

「レイヤー」パネルの「背びれ」と「とげ」の項目を選択して、胴体の下に移動します。

## ペイントする

自由にペイントしてください。

📁 PART10 ▶ 📄 P10Sec02_01.ai

# 10-2 写真画像のトレース

ライブトレースを使って、風景写真をトレースします。ボタン1つで簡単にトレースできますが、画像の状態とオプション設定で結果が大きく変わります。

## カラー写真をトレースする

❶ [ファイル→配置]（ Shift + Ctrl + P ）*1 を選択します。

❷ 「Photo_yoko.psd」を選択して、「配置」ボタンをクリックします。
**CC** はカーソルでクリックした位置やドラッグしたサイズで画像を配置できます。
**CS6** は、ドキュメントウィンドウの中心に配置されます。

❸ 配置画像を選択して、「コントロール」パネルあるいは「画像トレース」パネルからトレースプリセットを選択します。

プリセットの結果に満足できないときは、画像トレースオプションを調整します。

⭐ CC2018 は、「プロパティ」パネルのクイック操作にある「画像トレース」をクリックして、トレースプリセットを選択できます。

⭐ 解像度の高い画像は、トレース処理に時間がかかります。

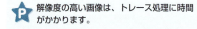

*1： CS6 v.17 [配置] コマンドのショートカットキーはありません。

## 画像トレースオプションを設定する

写真（低精度）

3色変換

② 「画像トレース」パネルが開いたら、「プレビュー」をオフにしてオプションを設定します。

③ 設定を終えたら、「プレビュー」をオンにして結果を確認します。修正する場合は「プレビュー」をオフに戻します。

① トレースしたオブジェクトを選択して、「コントロール」パネルの「画像トレースパネル」ボタンをクリックします。

P ライブトレース機能はプレビュー処理に時間がかかります。必要なオプションをまとめて設定してからプレビューしましょう。

スケッチアート

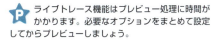
アイコンまたは、ポップアップメニューからプリセットを指定します。

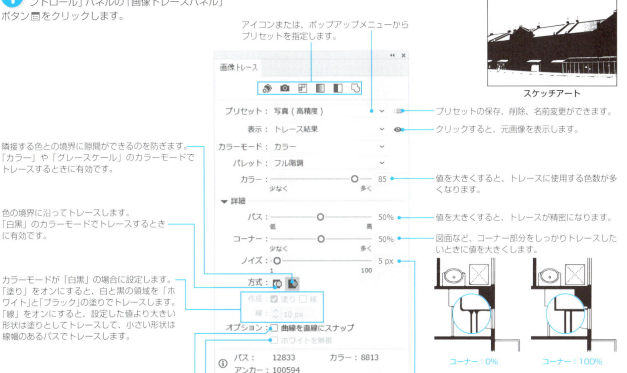

隣接する色との境界に隙間ができるのを防ぎます。「カラー」や「グレースケール」のカラーモードでトレースするときに有効です。

色の境界に沿ってトレースします。「白黒」のカラーモードでトレースするときに有効です。

カラーモードが「白黒」の場合に設定します。「塗り」をオンにすると、白と黒の領域を「ホワイト」と「ブラック」の塗りでトレースします。「線」をオンにすると、設定した値より大きい形状は塗りとしてトレースして、小さい形状は線幅のあるパスでトレースします。

少し曲がった線を直線にします。

ホワイトの塗りを「なし」にします。

プリセットの保存、削除、名前変更ができます。

クリックすると、元画像を表示します。

値を大きくすると、トレースに使用する色数が多くなります。

値を大きくすると、トレースが精密になります。

図面など、コーナー部分をしっかりトレースしたいときに値を大きくします。

指定したサイズより小さいイメージ（主にスキャンされた余計なゴミ）をトレースしません。

## トレースを拡張する

① トレースしたオブジェクトを選択します。

② 「コントロール」パネルの「拡張」ボタンをクリックします。

※ [オブジェクト→画像トレース→拡張] を選択しても拡張できます。

③ パスオブジェクトに変換されます。

P 「拡張」ボタンをクリックする前に [オブジェクト→画像トレース→解除] を選択すると、トレース前の配置画像に戻ります。

P 拡張すると、トレース結果をパスオブジェクトに変換します。拡張した後は、「画像トレース」パネルによる調整はできません。

P CC2017から配置した画像の切り抜きができるようになりました。切り抜きで隠れた部分のデータは削除されるので、ファイルサイズが縮小されます。
クリッピングマスクは、隠れた部分を削除しないため再表示できるメリットがありますが、ファイルサイズは縮小されません。

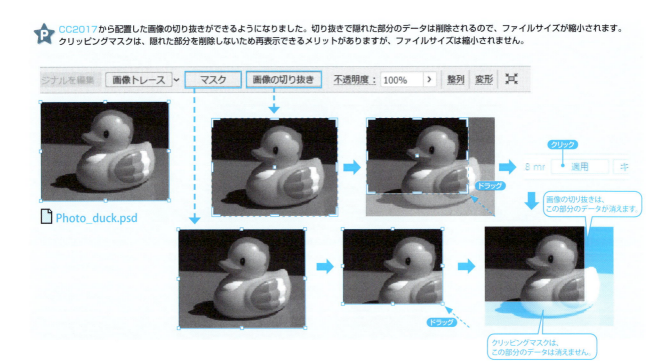

📁 PART10 ▶ 📄 P10Sec03_01.ai

# 10-3 線画のトレース

ライブトレースを使って、線で描いたイラストをトレースします。下絵の線の輪郭をトレースするのではなく、画像の線がそのまま線幅のある線に置き換わるようにします。トレースしたら、続けてライブペイントで着色しましょう。

## 線でトレースする

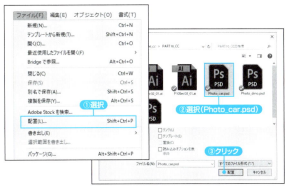

① [ファイル→配置]（Shift + Ctrl + P）を選択します。「Photo_car.psd」をドキュメントに配置します。

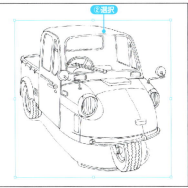

② 配置画像を選択して、「コントロール」パネルまたは「画像トレース」パネルのプリセットメニューから「ラインアート」を選択します。

画像トレースオプションを調整しないで、そのまま次の手順に進んでください。※1

③ トレースしたオブジェクトを選択して、「コントロール」パネルの「拡張」ボタンをクリックします。

※ [オブジェクト→画像トレース→拡張] を選択しても拡張できます。

*1：初期設定のトレース結果を前提に、以降の操作手順を解説しています。

265

## トレースしたイラストをライブペイントで着色する

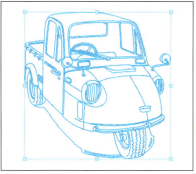
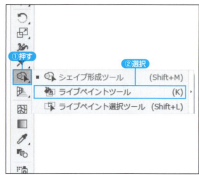

❶ 拡張したオブジェクトを選択して、[オブジェクト→ライブペイント→作成]（ Alt + Ctrl + X ）を選択します。

❷ ライブペイントツール を選択します。

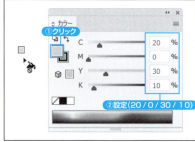

❸ [表示→境界線を隠す]（ Ctrl + H ）を選択します。

❹ 「カラー」パネルで塗りのカラーを設定します。

P スウォッチカラーを選択すると、ライブペイントツールのポインタの上に3つの四角形が表示されます。真ん中の四角形が現在選択しているスウォッチで、左右の矢印キーで切り替えができます。

※塗り分けるエリアが見やすくなるように、アンカーポイントなどの境界線を非表示にします。イラストは選択状態のままです。*1

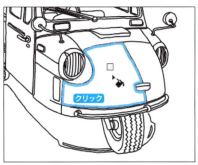
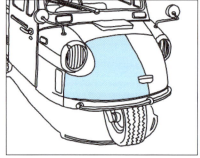

❺ ポインタをイラストに重ねてクリックすると、赤い線で囲まれた範囲を塗りつぶします。

*1：元の表示に戻すときは、[表示→境界線を表示]（Ctrl+H）を選択します。

📁 PART10 ▶ 📄 P10Sec03_01.ai

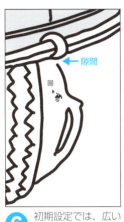
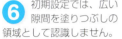

❻ 初期設定では、広い隙間を塗りつぶしの領域として認識しません。

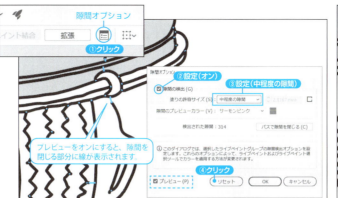

❼ ［オブジェクト→ライブペイント→隙間オプション］を選択して、塗りの許容サイズが大きくなるように設定すると、塗りつぶしの領域として認識します。

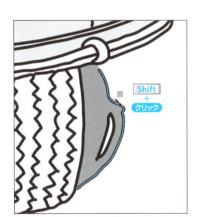
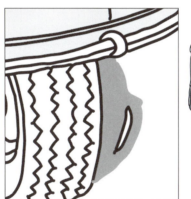

❽ 初期設定では、線のペイントがオフですが、Shift キーを押すと一時的にオンになります。　※「線」ボックスに設定した色で線をペイントします。

💡 常に線のペイントを有効にするときは、ライブペイントツールボタンをダブルクリックして、「ライブペイントオプション」ダイアログボックスの「線をペイント」をオンにします。
強調表示の「幅」には、小数点以下の設定はできません。「環境設定」の線の単位を「センチメートル」にすると、1cm以下の幅には設定できません。

💡 ライブペイント選択ツールで面や線を選択して、「カラー」パネルや「スウォッチ」パネルでペイントすることもできます。
ライブペイント選択ツールでトリプルクリックすると、同じペイント設定の面または線を選択します。

💡 ライブペイントオブジェクトを選択して、「コントロール」パネルの「拡張」ボタンをクリックするか、［オブジェクト→ライブペイント→拡張］を選択すると、そのまま通常のパスオブジェクトに変換されます。
拡張しないで［オブジェクト→ライブペイント→解除］を選択すると、これまでのペイント設定が消えて、ライブペイントする前の状態に戻ります。

267

## 数字

| | |
|---|---|
| 3D | 224 |
| 3D 押し出し・ベベル | 228 |

## アルファベット

| | |
|---|---|
| 「Adobe Color テーマ」パネル | 135 |
| CMYK | 017, 096 |
| CPU プレビュー | 026 |
| DIC | 098 |
| GPU でプレビュー | 026 |
| Illustrator オプション | 018, 028 |
| I ビーム | 177 |
| OpenType SVG フォント | 181 |
| OpenType フォント | 181 |
| PANTONE | 098 |
| Photoshop 効果 | 217 |
| PostScript フォント | 181 |
| RGB | 017, 096 |
| Shaper Group | 160 |
| Shaper ツール | 059, 160 |
| TrueType フォント | 181 |
| Typekit フォント | 181 |
| Web セーフカラー | 097 |
| Web 用に保存 | 028 |

## あ行

| | |
|---|---|
| アウトライン | 026 |
| アウトラインを作成 | 026, 188 |
| アウトライン（パスファインダー） | 158 |
| アキを挿入 | 183 |
| アピアランス属性 | 254 |
| 「アピアランス」パネル | 212, 228, 229, 240, 241, 242, 243, 248, 254 |
| アピアランスを分割 | 212, 213, 215 |
| アンカーポイント | 023, 033, 064, 067, 070 |
| アンカーポイントツール | 065, 072, 073, 116 |
| アンカーポイントの切り換えツール | 072, 073 |
| アンカーポイントを削除する | 068 |
| アンカーポイントを消去する | 068, 069 |
| アンカーポイントを追加する | 067 |
| アートブラシ | 042 |
| アートボード | 010, 017, 018 |
| アートボードごとに作成 | 018 |
| アートボード定規 | 063, 170 |
| アートボードツール | 018, 019 |
| アートボードナビゲーション | 010 |
| アートボードに整列 | 162 |
| アートボードを整列する | 019 |
| アートボードを全体表示 | 258 |
| 異体字 | 191 |
| 移動 | 062 |
| イラストパターン | 124 |
| 印刷可能領域 | 010 |
| インターフェイス | 010 |
| インデント | 188 |
| ウィンドウ定規 | 063, 170 |
| 上付き・下付き文字 | 184 |
| 打ち消し線 | 186 |
| うねりツール | 205 |
| うろこパターン | 122 |
| 絵筆ブラシ | 050 |
| エリア内文字 | 174 |
| エリア内文字オプション | 195, 196 |
| エリア内文字ツール | 175 |
| 遠近感をつける | 092 |
| 遠近グリッド | 234 |
| 遠近図形選択ツール | 236, 237 |
| 円弧ツール | 058 |
| 鉛筆ツール | 039, 043 |
| エンベロープ | 206, 207 |
| エンベロープを拡張 | 207 |
| 欧文ベースライン | 185, 200 |
| 覆い焼きカラー | 220 |
| 押し出し・ベベル | 224, 225 |
| 同じ位置にペースト | 139 |
| オブジェクト | 023 |
| オブジェクトの移動 | 062 |
| オブジェクトの選択範囲をパスに制限 | 075 |
| オブジェクトを隠す | 146 |
| オブジェクトを再配色 | 132, 134 |
| オブジェクトを選択する | 250 |
| オブジェクトを編集 | 149 |
| オブジェクトをロックする | 146, 252 |
| オプティカル | 181 |
| オーバープリント | 105 |
| オーバープリントプレビュー | 105 |
| オーバーレイ | 220 |
| オープンパス | 022, 031, 034 |

## か行

| | |
|---|---|
| 回転 | 226 |
| 回転体 | 227 |
| 回転ツール | 080, 119 |
| ガイド | 166 |
| ガイドを隠す | 169 |
| ガイドを作成 | 168 |
| ガイドをロック | 168, 169 |
| ガイド・グリッド | 170 |
| 隠す | 146 |
| 拡大・縮小ツール | 082 |
| 角丸長方形ツール | 054 |
| 重ね順 | 138 |
| 下線 | 186 |
| 画像トレース | 262 |
| 画像トレースオプション | 263 |
| 画像の切り抜き | 264 |
| 画像ブラシ | 127 |
| 仮想ボディ | 185 |
| 傾ける | 090 |
| 合体 | 155 |
| カット | 026 |
| 角の形状 | 101 |
| 角を拡大・縮小 | 093 |
| 角を丸くする | 216 |
| カラー | 220 |
| カラーグループ | 132, 133 |
| 「カラー」パネル | 097 |
| カラーピッカー | 097 |
| カラーモデル | 097 |
| カラーモード | 017, 096, 097 |
| カリグラフィブラシ | 042 |
| 刈り込み | 157 |
| 環境設定 | 011, 063, 075, 077, 093, 166, 167, 180, 181, 182, 184, 186 |
| 環境にないフォント | 201 |

268

カーニング・・・・・・・・・・・・・・・・・・・・ 181
亀甲パターン・・・・・・・・・・・・・・・・・・ 123
輝度・・・・・・・・・・・・・・・・・・・・・・・・・ 220
行揃え・・・・・・・・・・・・・・・・・・・・・・・ 187
共通・・・・・・・・・・・・・・・・・・・・・・・・・ 144
曲線・・・・・・・・・・・・・・・・・・・・・・・・・ 033
曲線から直線を描く・・・・・・・・・・・・・ 035
曲線セグメント・・・・・・・・・・・・・・・・・ 065
切り抜き・・・・・・・・・・・・・・・・・・・・・・ 158
禁則処理・・・・・・・・・・・・・・・・・・・・・ 189
キーオブジェクトに整列・・・・・・・・・・・ 163
キー入力・・・・・・・・・・・・・・・・・・・・・ 063
組み方向・・・・・・・・・・・・・・・・・・・・・ 190
クラウンツール・・・・・・・・・・・・・・・・・ 205
グラデーションスライダー・・・・・・・・・ 110
グラデーションツール・・・・・・・・・・ 108, 109
「グラデーション」パネル・・・・・・・ 106, 109
グラデーションバー・・・・・・・・・・・・・・ 110
グラデーションメッシュ・・・・・・・・・・・ 114
「グラフィックスタイル」パネル・・・・・・・ 248
グラフィックスタイルを変更・・・・・・・・・ 249
グリッド・・・・・・・・・・・・・・・・・・・・・・ 170
グリッドにスナップ・・・・・・・・・・・・・・ 170
グリッドを定義・・・・・・・・・・・・・・・・・ 235
クリッピングマスク・・・・・・・・・・・・・・ 148
グループ・・・・・・・・・・・・・・・・・・・・・ 140
グループ解除・・・・・・・・・・・・・・・・・・ 141
グループ選択ツール・・・・・・・・・ 141, 170
グループの抜き・・・・・・・・・・・・・・・・ 219
クローズパス・・・・・・・・・・・ 022, 030, 034
消しゴムツール・・・・・・・・・・・・ 044, 046
効果・・・・・・・・・・・・・・・・・・・・・・・・ 211
交差・・・・・・・・・・・・・・・・・・・・・・・・ 156
光彩（内側）・・・・・・・・・・・・・・・・・・ 216
光彩（外側）・・・・・・・・・・・・・・・・・・ 216
合流・・・・・・・・・・・・・・・・・・・・・・・・ 157
コピー元のレイヤーにペースト・・・・・・ 139
こぶを描く・・・・・・・・・・・・・・・・・・・・ 036
個別に変形・・・・・・・・・・・・・・・・・・・ 172
「コントロール」パネル・・・・・・・ 013, 019
コーナーウィジェット・・・・・ 020, 076, 077
コーナーからスムーズポイントに切り換える
・・・・・・・・・・・・・・・・・・・・・・・・・・ 072

「コーナー」ダイアログボックス・・・・・・・ 077
コーナーの自動生成・・・・・・・・・・・・・ 128
コーナーハンドル・・・・・・・・・ 022, 089, 091
コーナーポイント・・・・・・・・ 023, 033, 064,
071, 072, 076, 077, 101

## さ行

サイズ・・・・・・・・・・・・・・・・・・・・・・・ 017
最前面へ・・・・・・・・・・・・・・・・・・・・・ 138
彩度・・・・・・・・・・・・・・・・・・・・・・・・ 220
サイドハンドル・・・・・・・・・ 022, 089, 090
最背面へ・・・・・・・・・・・・・・・・・・・・・ 138
作業用 CMYK・・・・・・・・・・・・・・・・・・ 097
差の絶対値・・・・・・・・・・・・・・・・・・・ 220
シアーツール・・・・・・・・・・・・・・・・・・ 085
シェイプ形成ツール・・・・・・・・・・・・・ 159
色相・・・・・・・・・・・・・・・・・・・・・・・・ 220
ジグザグ・・・・・・・・・・・・・・・・・・・・・ 214
「字形」パネル・・・・・・・・・・・・・・・・・ 191
自己交差パス・・・・・・・・・・・・・・・・・・ 153
字面・・・・・・・・・・・・・・・・・・・・・・・・ 185
自動・・・・・・・・・・・・・・・・・・・・・・・・ 181
自動行送り・・・・・・・・・・・・・・・・・・・ 180
自動選択ツール・・・・・・・・・・・・・・・・ 143
「自動選択」パネル・・・・・・・・・・・・・・ 143
自動的にアイコンパネル化・・・・・・・・・ 014
ジャスティフィケーション設定・・・・・・・ 180
縦横比を固定・・・・・・・・・・・・・・・・・・ 093
収縮ツール・・・・・・・・・・・・・・・・・・・ 205
自由変形ツール・・・・・・ 088, 090, 091, 092
定規・・・・・・・・・・・・・・・・・・・・・・・・ 168
消去・・・・・・・・・・・・・・・・ 026, 068, 139
定規を表示・・・・・・・・・・・・・・・・・・・ 170
乗算・・・・・・・・・・・・・・・・・・・・・・・・ 220
小数点揃えタブ・・・・・・・・・・・・・・・・ 192
「情報」パネル・・・・・・・・・・・・・・・・・ 081
除外・・・・・・・・・・・・・・・・・・・・・・・・ 220
新規カラーグループ・・・・・・・・・・・・・ 099
新規線を追加・・・・・・・・・・・・・・・・・・ 246
新規ツールパネル・・・・・・・・・・・・・・ 015
新規ドキュメント・・・・・・・・・・・・ 016, 096
新規塗りを追加・・・・・・・・・・・・・・・・ 244
新規レイヤーを作成・・・・・・・・・・・・・ 253

「シンボル」パネル・・・・・・・・・・・・・・ 231
「スウォッチ」パネル・・ 098, 099, 108, 120
スウォッチライブラリを開く・・・・・・・・・ 098
隙間オプション・・・・・・・・・・・・・・・・・ 267
スクリーン・・・・・・・・・・・・・・・・・・・・ 220
スクロールボタン・・・・・・・・・・・・・・・ 010
スクロールボックス・・・・・・・・・・・・・・ 010
スタイライズ・・・・・・・・・・・・・・・・・・・ 215
スタイルを変更する・・・・・・・・・・・・・・ 199
スターツール・・・・・・・・・・・・・・・・・・ 056
スパイラルツール・・・・・・・・・・・・・・・ 057
すべてのアートボードにペースト・・・・・・ 139
すべてのレイヤーを結合・・・・・・・・・・ 255
すべてを表示・・・・・・・・・・・・・・・・・・ 146
すべてをロック解除・・・・・・・・・・・・・・ 146
スポイトツール・・・・・・・・・・・・・・・・・ 130
スマートガイド
・・ 019, 020, 058, 062, 166, 167, 238
スムーズからコーナーポイントに切り換える
・・・・・・・・・・・・・・・・・・・・・・・・・・ 072
スムーズツール・・・・・・・・・・・・・・・・ 041
スムーズポイント
・・・・・・・ 023, 033, 034, 064, 072, 073
スムーズポイントで連結する・・・・・・・・ 072
スレッドテキストオプション・・・・・・・・・ 194
スレッドポイント・・・・・・・・・・・・・・・・ 196
ズームツール・・・・・・・・・・・・・・・・・・ 021
整列・・・・・・・・・・・・・・・・・・・・・・・・ 162
セグメント・・・・・・・・・・・ 023, 033, 064
セグメントを消去する・・・・・・・・・・・・・ 069
セグメントをドラッグして固定パスをリシェイプ
・・・・・・・・・・・・・・・・・・・・・・・・・・ 065
線・・・・・・・・・・・・・・・・・・・・ 022, 240
旋回・・・・・・・・・・・・・・・・・・・・・・・・ 214
線画のトレース・・・・・・・・・・・・・・・・・ 265
「選択項目を削除」ボタン・・・・・・・・・・ 261
選択したスライスを保存・・・・・・・・・・・ 028
選択ツール・・・・・ 021, 025, 040, 062, 140
選択範囲に整列・・・・・・・・・・・ 162, 164
選択範囲を保存・・・・・・・・・・・・・・・・ 145
選択範囲・アンカー表示・・・・・・・・ 065, 075
選択レイヤーを結合・・・・・・・・・・・・・ 255
線の位置・・・・・・・・・・・・・・・・・・・・・ 101

269

線のグラデーション・・・・・・・・・・・・・・・ 112
線端の形状・・・・・・・・・・・・・・・・・・・ 100
「線」パネル ・・・・・・・・・・・・・・・・・ 100
線幅・・・・・・・・・・・・・・・・・・・・・・ 100
線幅ツール・・・・・・・・・・・・・・・・・・ 047
線幅と効果も拡大・縮小・・・・・・・・・・・ 093
線幅と効果を拡大・縮小・・・・・・・・・・・ 083
前面オブジェクトで型抜き・・・・・・・・・・ 156
前面のオブジェクト・・・・・・・・・・・・・ 145
前面へ・・・・・・・・・・・・・・・・・・・・ 138
前面へペースト・・・・・・・・・・・・・・・・ 139
「属性」パネル ・・・・・・・ 053, 055, 105, 153
ソフトライト・・・・・・・・・・・・・・・・・ 220
ソフトリターン・・・・・・・・・・・・・・・・ 187

## た行

ダイレクト選択ツール
　・・・・・・・ 023, 024, 064, 068, 070, 163
楕円形グラデーション・・・・・・・・・・・・・ 111
楕円形ツール・・・・・・・・・・・・・ 054, 120
多角形ツール・・・・・・・・・・・・・ 055, 260
裁ち落とし・・・・・・・・・・・・・・・・・・ 017
タッチ対応デバイス用コントロールハンドル
　・・・・・・・・・・・・・・・・・・・・・・ 201
縦組み中の欧文回転・・・・・・・・・・・・・ 190
縦中横・・・・・・・・・・・・・・・・・・・・ 190
タブ揃え・・・・・・・・・・・・・・・・・・・ 191
タブリーダー・・・・・・・・・・・・・・・・・ 192
段組設定・・・・・・・・・・・・・・・・・・・ 194
段落間隔・・・・・・・・・・・・・・・・・・・ 188
段落スタイル・・・・・・・・・・・・・・・・・ 197
「段落」パネル ・・・・・・・・・・ 187, 188, 189
長体・平体・・・・・・・・・・・・・・・・・・ 183
長方形グリッドツール・・・・・・・・・・・・ 056
長方形ツール・・・・・・・・ 053, 054, 175, 194
長方形の角を拡大・縮小・・・・・・・・・・・ 059
長方形のプロパティ・・・・・・・・・・・・・ 059
直線・・・・・・・・・・・・・・・・・・・・・ 030
直線から曲線を描く・・・・・・・・・・・・・ 036
直線セグメント・・・・・・・・・・・・・・・・ 065
直線ツール・・・・・・・・・・・・・・・・・・ 058
次の角度より大きいときに
　コーナーウィジェットを隠す ・・・・・・・・ 077

ツールパネル・・・・・・・・・・・・・ 010, 012
テキストエリア・・・・・・・・・・・・ 174, 196
テキストのオーバーフロー・・・・・・・・・・ 180
テキストの回り込み・・・・・・・・・・・・・ 193
テキスト読み込みオプション・・・・・・・・・ 175
手のひらツール・・・・・・・・・・・・・・・・ 021
テンプレート・・・・・・・・・・・・・ 016, 258
テンプレートとして保存・・・・・・・・・・・ 028
テンプレートレイヤー・・・・・・・・・・・・ 261
データの復元・・・・・・・・・・・・・・・・・ 028
等間隔に分布・・・・・・・・・・・・・・・・・ 164
同心円グリッドツール・・・・・・・・・・・・ 057
「透明」パネル ・・・・・・・・・・・・・・・ 218
ドキュメントのカラーモード・・・・・・ 010, 096
ドキュメントの名前・・・・・・・・・・・・・ 010
ドキュメントのラスタライズ効果設定・・・ 216
特色・・・・・・・・・・・・・・・・・・ 098, 099
ドック・・・・・・・・・・・・・・・・・ 010, 014
ドットパターン・・・・・・・・・・・・・・・・ 120
トラッキング・・・・・・・・・・・・・・・・・ 182
トラップ・・・・・・・・・・・・・・・・・・・ 156
取り消し・・・・・・・・・・・・・・・・・・・ 024
トレース・・・・・・・・・・・・・・・・・・・ 258
トレースプリセット・・・・・・・・・・・・・ 262
トレースを拡張する・・・・・・・・・・・・・ 264
ドロップシャドウ・・・・・・・・・・・・・・ 215

## な行

ナイフツール・・・・・・・・・・・・・・・・・ 074
内面描画・・・・・・・・・・・・・・・・・・・ 150
中マド・・・・・・・・・・・・・・・・・・・・ 156
なげなわツール・・・・・・・・・・・・・・・・ 143
名前・・・・・・・・・・・・・・・・・・・・・ 017
塗り・・・・・・・・・・・・・・・・・・ 022, 240
塗りブラシツール・・・・・・・・・・・・・・ 044

## は行

配置・・・・・・・・ 126, 175, 258, 262, 265
背面オブジェクトで型抜き・・・・・・・・・・ 158
背面のオブジェクト・・・・・・・・・・・・・ 145
背面描画・・・・・・・・・・・・・・・・・・・ 151
背面へ・・・・・・・・・・・・・・・・・・・・ 138
背面へペースト・・・・・・・・・・・・・・・・ 139

バウンディングボックス・・・・・・・・・・・ 089
バウンディングボックスのリセット・・・・・ 081
はさみツール・・・・・・・・・・・・・・・・・ 074
パス・・・・・・・・・・・・ 023, 067, 070, 152
パス消しゴムツール・・・・・・・・・・・・・ 041
パス上文字・・・・・・・・・・・・・・・・・・ 176
パス上文字オプション・・・・・・・・・・・・ 177
パス上文字ツール・・・・・・・・・・・・・・ 176
パスの削除・・・・・・・・・・・・・・・・・・ 070
パスの自由変形・・・・・・・・・・・・・・・・ 214
パスの変形・・・・・・・・・・・・・・・・・・ 213
パスファインダー・・・・・・・・・・・・・・ 155
パスを結合する・・・・・・・・・・・・・・・・ 043
破線・・・・・・・・・・・・・・・・・・・・・ 102
パターン・・・・・・・・・・・・・・・・・・・ 119
「パターンオプション」パネル
　・・・・・・・・・・・・ 120, 121, 122, 123
「パターンタイルツール」ボタン
　・・・・・・・・・・・・・・ 122, 123, 124
パターンの変形・・・・・・・・・・・・・・・・ 083
パターンブラシ・・・・・・・・・・・・・・・・ 128
パターンも変形する・・・・・・・・・・・・・ 093
パネル・・・・・・・・・・・ 010, 012, 013
パネルグループ・・・・・・・・・・・・ 010, 015
パネルタブ・・・・・・・・・・・・・・・・・・ 015
パネルメニュー・・・・・・・・・・・・ 010, 015
パペットワープツール・・・・・・・・・・・・ 209
バリアブルフォント・・・・・・・・・・・・・ 181
版ズレ・・・・・・・・・・・・・・・・・・・・ 105
バンディング・・・・・・・・・・・・・・・・・ 107
ハンドル・・・・・・・・・・・・・・・・・・・ 018
ハードライト・・・・・・・・・・・・・・・・・ 220
ハードリターン・・・・・・・・・・・・・・・・ 187
ハーモニーカラーをリンク・・・・・・・・・・ 134
ハーモニールール・・・・・・・・・・・・・・ 132
比較（明）・・・・・・・・・・・・・・・・・・ 220
比較（暗）・・・・・・・・・・・・・・・・・・ 220
ピクセルグリッドに結合・・・・・・・・・・・ 164
ひだツール・・・・・・・・・・・・・・・・・・ 205
ビデオ定規を表示・・・・・・・・・・・・・・ 168
描画モード・・・・・・・・・・・・・・・・・・ 219
描画モードを分離・・・・・・・・・・・・・・ 220
表示倍率・・・・・・・・・・・・・・・・・・・ 010

| | |
|---|---|
| 表示倍率バー・・・・・・・・・・・・・・・・ 010 | |
| 表示モード・・・・・・・・・・・・・・・・・ 010 | |
| 標準描画・・・・・・・・・・・・・・・・・・ 151 | |
| 開く・・・・・・・・・・・・・・・・・・・・ 020 | |
| フォントサイズ・・・・・・・・・・・・・・・ 180 | |
| フォントを検索する・・・・・・・・・・・・・ 201 | |
| 複合シェイプ・・・・・・・・・・・・・ 155, 156 | |
| 複合パス・・・・・・・・・・・・・・・・・ 152 | |
| 複数のアートボードを作成する・・・・・・・ 017 | |
| 複製を保存・・・・・・・・・・・・・・・・ 028 | |
| 不透明度・・・・・・・・・・・ 144, 218, 241 | |
| 不透明マスクのリンクを解除する・・・・・・ 222 | |
| 不透明マスクを作成・・・・・・・・・・・・ 221 | |
| ブラシツール・・・・・・・・ 042, 050, 127, 150 | |
| 「ブラシ」パネル ・・・・・ 042, 127, 128, 150 | |
| プリセットで再配色・・・・・・・・・・・・ 135 | |
| プリント・・・・・・・・・・・・・・・・・ 027 | |
| フリーハンド線・・・・・・・・・・・・・・ 039 | |
| フレアツール・・・・・・・・・・・・・・・ 055 | |
| プレビュー・・・・・・・・・・・・・・・・ 026 | |
| プレビュー境界を使用・・・・・・・・・・・ 093 | |
| プレビューモード・・・・・・・・・・・・・ 017 | |
| ブレンド・・・・・・・・・・・・・・・・・ 117 | |
| プロセスカラー・・・・・・・・・・・・・・ 099 | |
| 「プロパティ」パネル ・・・・・・・・・・・ 013 | |
| プロファイル・・・・・・・・・・・・・・・ 017 | |
| プロポーショナルメトリクス・・・・・・・・ 181 | |
| フローティングパネル・・・・・・・・ 010, 013 | |
| 分割・・・・・・・・・・・・・・・・・・・ 157 | |
| ペアカーニング・・・・・・・・・・・・・・ 181 | |
| 平均・・・・・・・・・・・・・・・・・・・ 075 | |
| ベジェ曲線・・・・・・・・・・・・・・・・ 038 | |
| 別名で保存・・・・・・・・・・・・・・・・ 028 | |
| 変形・・・・・・・・・・・・・・・・・・・ 214 | |
| 「変形」パネル | |
| ・・・・・・・ 059, 063, 081, 083, 086, 093 | |
| 編集モード・・・・・・・・・・・・・・・・ 141 | |
| ペンタブレット・・・・・・・・・・・・・・ 042 | |
| ペンツール・・・・・・ 030, 033, 036, 067, 259 | |
| ペースト・・・・・・・・・・・・・・・・・ 139 | |
| ベースライン・・・・・・・・・・・・・・・ 184 | |
| ポイント文字・・・・・・・・・・・・・・・ 174 | |
| 方向線・・・・・・・・・・・・・・・ 033, 073 | |

| | |
|---|---|
| 方向線を調整する・・・・・・・・・・・・・ 073 | |
| 膨張ツール・・・・・・・・・・・・・・・・ 204 | |
| ぼかし・・・・・・・・・・・・・・・・・・ 216 | |
| 保存・・・・・・・・・・・・・・・・・・・ 028 | |

### ま行

| | |
|---|---|
| マスクオブジェクトを編集する・・・・・・・ 222 | |
| マスク作成・・・・・・・・・・・・・・・・ 221 | |
| マッピング・・・・・・・・・・・・・・・・ 231 | |
| メッシュ・・・・・・・・・・・・・・・・・ 208 | |
| メッシュツール・・・・・・・・・・・ 115, 116 | |
| メッシュパッチ・・・・・・・・・・・・・・ 115 | |
| メッシュポイント・・・・・・・・・・ 115, 116 | |
| メッシュライン・・・・・・・・・・・・・・ 116 | |
| メニューバー・・・・・・・・・・・・・・・ 010 | |
| 文字アキ・・・・・・・・・・・・・・・・・ 183 | |
| 文字組み・・・・・・・・・・・・・・・・・ 189 | |
| 文字スタイル・・・・・・・・・・・・・・・ 198 | |
| 文字揃え・・・・・・・・・・・・・・・・・ 185 | |
| 文字タッチツール・・・・・・・・・・・・・ 200 | |
| 文字ツメ・・・・・・・・・・・・・・・・・ 182 | |
| 文字ツール・・・・・・・・・・・・ 174, 178 | |
| 文字の回転・・・・・・・・・・・・・・・・ 186 | |
| 「文字」パネル ・・・・・・・・・ 179, 180, 182 | |
| 文字（縦）ツール・・・・・・・・・・・・・ 174 | |
| ものさしツール・・・・・・・・・・・・・・ 081 | |

### や行

| | |
|---|---|
| 焼き込みカラー・・・・・・・・・・・・・・ 220 | |
| 矢印・・・・・・・・・・・・・・・・・・・ 103 | |
| やり直し・・・・・・・・・・・・・・・・・ 024 | |
| 歪める・・・・・・・・・・・・・・・・・・ 091 | |
| ユーザーインターフェイス・・・・・・・・・ 011 | |

### ら行

| | |
|---|---|
| ライブコーナー・・・・・・・・・・・・ 020, 076 | |
| ライブシェイプ・・・・・・・・・・・・・・ 059 | |
| ライブトレース・・・・・・・・・・・・・・ 262 | |
| ライブペイント・・・・・・・・・・・・・・ 266 | |
| ライブペイントオプション・・・・・・・・・ 267 | |
| ラインアート・・・・・・・・・・・・・・・ 265 | |
| 落書き・・・・・・・・・・・・・・・・・・ 216 | |
| ラスタライズ・・・・・・・・・・・・・・・ 051 | |

| | |
|---|---|
| ラスタライズ効果・・・・・・・・・・ 017, 217 | |
| ラバーバンド・・・・・・・・・・・・・・・ 030 | |
| ラフ・・・・・・・・・・・・・・・・・・・ 214 | |
| ランダム・・・・・・・・・・・・・・・・・ 172 | |
| ランダム・ひねり・・・・・・・・・・・・・ 214 | |
| リキッドツール・・・・・・・・・・・・・・ 204 | |
| リシェイプツール・・・・・・・・・・・・・ 087 | |
| リフレクトツール・・・・・・・・・・・・・ 084 | |
| リンクルツール・・・・・・・・・・・・・・ 205 | |
| 「レイヤー」パネル | |
| ・・・・・・・ 139, 250, 251, 252, 253, 261 | |
| レンガパターン・・・・・・・・・・・・・・ 121 | |
| 連結・・・・・・・・・・・・・・・・・・・ 071 | |
| 連結ツール・・・・・・・・・・・・・・・・ 043 | |
| ロック・・・・・・・・・・・・・・・・・・ 146 | |
| ロックアイコン・・・・・・・・・・・・・・ 252 | |

### わ行

| | |
|---|---|
| 和文等幅・・・・・・・・・・・・・・・・・ 181 | |
| ワークスペース・・・・・・・・・・・・・・ 015 | |
| ワープ・・・・・・・・・・・・・・・ 211, 212 | |
| ワープツール・・・・・・・・・・・・・・・ 204 | |
| ワープで作成・・・・・・・・・・・・・・・ 210 | |

## 著者紹介

### 広田正康（ひろたまさやす）

1967年生まれ。武蔵野美術大学工芸工業デザイン学科卒業。
1991年よりコンピュータ関係の会社でMacintoshを使い始め、「Illustrator」
「Photoshop」「QuarkXPress」をマスターした後、1997年にフリーとなる。
現在は、書籍デザインを主な仕事とする。

### ■主な著書

「Photoshop トレーニングブック CC 対応」（2020年）
「やさしく学べる Illustrator 練習帳」（2016年）
「Photoshop トレーニングブック CC(2014)/CC/CS6/CS5/CS4対応」（2015年）
「Illustrator トレーニングブック CC(2014)/CC/CS6/CS5/CS4 対応」（2014年）
「Photoshop トレーニングブック CS6/CS5/CS4 対応」（2013年）
「Illustrator トレーニングブック CS6/CS5/CS4 対応」（2012年）
「Illustrator ベジェ曲線トレーニングブック CS/CS2/CS3 対応」（2008年）
「DVD ビデオでマスターする Illustrator」（2007年）
「Illustrator トレーニングブック 8/9/10/CS/CS2 対応」（2005年）
（以上、ソーテック社）

「InDesign ポケットリファレンス CS6/CS5.5/CS5/CS4 対応」（2012年）
「Illustrator ポケットリファレンス CS5/CS4/CS3/CS2/CS 対応」（2011年）
「Photoshop ポケットリファレンス CS5/CS4/CS3/CS2/CS 対応」（2011年）
（以上、技術評論社）

本書の一部または全部について個人で使用する以外、著作権上、株式会社ソーテック社および著作権者の承諾を得ずに無断で複写・複製することは、禁じられています。
本書に対する質問は、電話では受け付けておりません。また、本書の内容とは関係のないパソコンやソフトなどの前提となる操作方法についての質問にはお答えできません。
内容の誤り、内容についての質問がございましたら切手・返信用封筒を同封のうえ、弊社までご送付ください。
乱丁・落丁本はお取り替えいたします。

## Illustrator トレーニングブック
### CC2018/2017/2015/2014/CC/CS6 対応

2018年1月31日　　初版　第1刷発行
2023年9月30日　　初版　第4刷発行
著者　　　　　　広田正康
装幀・本文デザイン　広田正康
発行人　　　　　柳澤淳一
編集人　　　　　久保田賢二
発行所　　　株式会社ソーテック社
　　　　　　〒102-0072　東京都千代田区飯田橋 4-9-5　スギタビル 4F
　　　　　　電話（販売専用）03-3262-5320　FAX03-3262-5326
印刷所　　　大日本印刷株式会社

© 2018 Masayasu Hirota
Printed in Japan
ISBN978-4-8007-1194-6

本書のご感想・ご意見・ご指摘は、以下の Web サイトにて
受け付けております。
**http://www.sotechsha.co.jp/dokusha/**
Web サイトでは質問は一切受け付けておりません。